LE TAIJI QUAN DES ORIGINES

L'enseignement du maître WANG BO de SHANGHAÏ

José CARMONA

LE TAIJI QUAN DES ORIGINES

L'enseignement
du maître WANG BO de SHANGHAÏ

GUY TRÉDANIEL ÉDITEUR
65, rue Claude Bernard
75005 PARIS

Collection "Les Maîtres de l'Énergie"
dirigée par Serge MAIRET et Bernard NISSE

à paraître :

TACHENG CHUAN
(Exercices de Kung Fu chinois,
tradition secrète de la force interne,
origine du CHI KONG)
par Ming Shan

ISBN : 2-85707-709-2

陈式老架

Le maître CHEN FAKE (1887-1957)

Au centre, en blanc, le maître CHEN FAKE.
Au troisième rang, derrière le personnage vêtu de noir, WANG BO.
A l'extrême gauche de la quatrième rangée, FANG ZHIQIANG.

Introduction

Les grands maîtres du TAIJI QUAN sont comme les Edelweiss: ils sont rares et leur valeur est bien évidemment proportionnelle à leur richesse. L'homme que vous allez découvrir, tout au long de ce livre, est l'un des derniers détenteurs (ils sont deux en Chine continentale !) d'un savoir qui a presque totalement disparu aujourd'hui: le grand art du TAIJI QUAN tel qu'il fut transmis, à la fin du siècle dernier, par le fameux maître YANG LUCHAN.

En effet l'un des premiers disciples de YANG LUCHAN fut le Mandchou QUAN YOU (1834-1902), instructeur de la garde impériale. Ce dernier réussit à pénétrer le secret de l'énergie de « transformation ». Il transmit son art à WANG MAOZHAI et à son troisième fils WU JIANQUAN qui fut l'un des grands propagateurs du TAIJI, avec YANG CHENG FU.

WU JIANQUAN modifia l'héritage de son père pour l'adapter à un nouveau public, beaucoup plus large et dont les exigences (face à la mutation de la société chinoise), le portait davantage vers la gymnastique psycho-physique et la dominante santé que sur l'art martial proprement dit (ce qui n'exclut nullement la recherche de l'efficacité).

Mais, QUAN YOU avait un autre disciple, CHANG YUANTING (1860-1920) un prince Mandchou, auquel il demanda de préserver le style originel, CHANG YUANTING transmit à son tour la forme originelle à son fils CHANG YUNJIE (1906-1970), qui la transmit à WANG BO. Avant de devenir le seul disciple de CHANG YUNJIE, WANG BO avait eu le temps de maîtriser d'autres disciplines des WUSHU, tant internes qu'externes. Dès son plus jeune âge, il fut initié aux techniques de combat de son pays.

Certaines sont connues, d'autres totalement méconnues. Parmi les premières, citons le BAGUA ZHANG (la paume des huit trigrammes), le XINGYI QUAN, le LIUHE QUAN (Boxe des six coordinations), les styles YANG et CHEN du TAIJI, et parmi les secondes, le NEIJIA QUAN et l'épée de WU DANG.

Il eut de prestigieux maîtres comme CHEN FAKE, ZHANG MING - YU, ZHANG HAIDONG, TIAN SAOLIN et le moine HUILIANG, JIANG RONGQIAO etc.

La vie de WANG BO n'est pas semblable à un long fleuve tranquille: elle est ponctuée d'un long cortège de vicissitudes. Jeté sur les routes, dès son plus jeune âge, persécuté pendant la révolution culturelle, WANG BO ne doit sa survie (il eut un cancer de la lymphe et fut opéré par deux fois de l'oeil) qu'au trésor de connaissance que sa pratique lui permit d'acquérir. Et c'est bien d'un trésor dont il s'agit ici, lorsqu'on voit cet homme âgé de soixante-trois ans, exécuter l'enchaînement traditionnel de l'école CHEN ou la vieille forme QUAN YOU.

On peut écrire sans se vanter que le livre que nous présentons comme le tout premier de cette collection, va faire comme l'effet d'un coup de tonnerre dans le monde des WU SHU, non seulement par l'extraordinaire éclairage qu'il apporte sur la théorie et la pratique du TAIJI QUAN, mais également par sa valeur culturelle. Il est bien le symbole vivant de la direction que nous entendons donner à cette collection :

volonté d'exhumer un patrimoine,

volonté de faire connaître à un large public,

les experts les plus talentueux,

volonté de donner à lire, à voir et à connaître la quintessence de l'enseignement des maîtres de l'énergie.

Bonne lecture !

SERGE MAIRET, BERNARD NISSE
directeurs de collection.

I. Pourquoi le TAIJI QUAN ?

太極拳的意義

1. TAIJI

Dans la cosmogonie de la Chine ancienne le TAIJI ou «Suprême Faîte», représente l'Unité Première à partir de laquelle s'ordonnent les mutations de l'Univers: «Le TAIJI est engendré par le WUJI (« Sans Faîte ») c'est le moteur du mouvement et du repos, la mère du YIN et du YANG. »
Le TAIJI est donc associé au YIN-YANG dont le symbole dit « du double-poisson » ou diagramme du Taiji est aujourd'hui familier au public occidental (fig. 1 et 2).

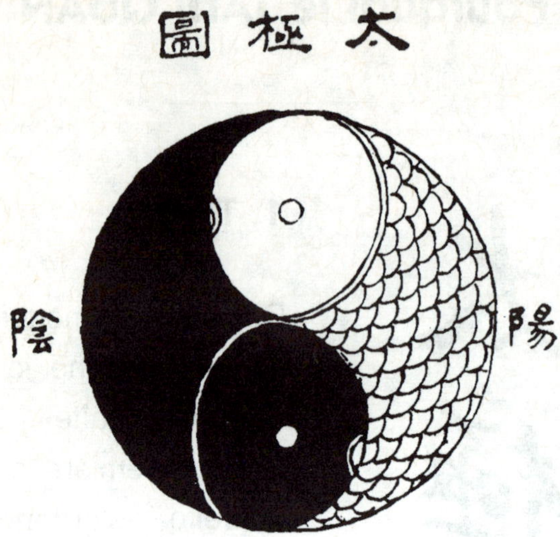

Fig. 1: symbole du double-poisson tiré du TAIJI QUAN SHIYONG FA de YANG CHENGFU.

Fig. 2: diagramme du TAIJI

Le YIN représente le principe féminin qui se manifeste dans l'obscurité, le repos, le froid, etc., et le YANG le principe masculin associé à la lumière, au mouvement, à la chaleur... Nous reviendrons plus loin sur la puissance d'évocation quasiment infinie de ces deux principes à la fois antagonistes et complémentaires.

La philosophie du TAIJI est à la base d'un des plus anciens textes de l'humanité, le Livre des mutations (YIJING ou YIKING) rédigé aux environs du VIe-Ve siècle avant J.-C. et où on peut lire:

« Dans les mutations il y a le TAIJI qui engendre les deux principes premiers (YIN et YANG); les deux principes premiers engendrent les quatre images; les quatre images engendrent les huit trigrammes. »

Un diagramme tiré d'un traité taoïste, le HUANGJI JING SHI SHU de SHAO YONG (1011-1077) illustre parfaitement ce processus cosmogonique (fig. 3). Le TAIJI y

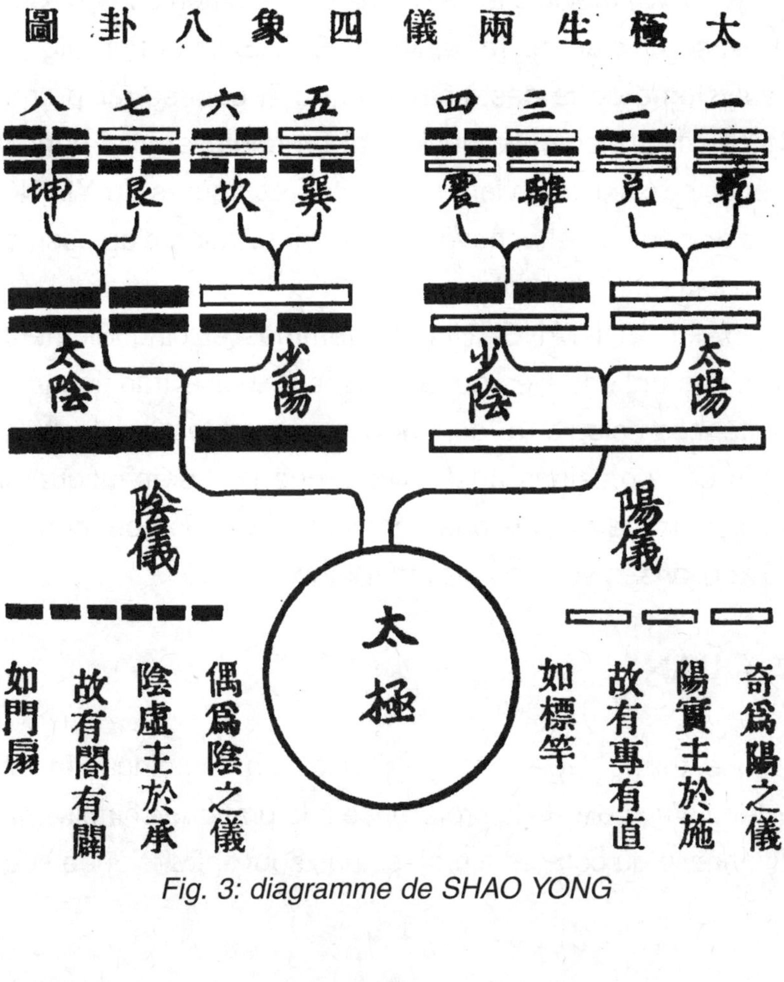

Fig. 3: diagramme de SHAO YONG

est représenté par un cercle blanc à partir duquel naissent le YIN et le YANG représentés respectivement par une ligne brisée et une ligne pleine. Tout le contenu, souvent obscur du YIJING est basé sur les combinaisons de ces deux éléments assemblés par deux (les quatre images) puis par trois (les huit trigrammes). Les huit trigrammes engendrent à leur tour les soixante-quatre hexagrammes qui figurent dans le Livre des mutations et expriment toutes les situations possibles des êtres au cours des mutations de l'Univers.

Un autre diagramme du Taiji attribué à ZHOU DUNYI (1017-1073) associe le TAIJI aux cinq éléments inspirés de la pensée indienne: Terre, Métal, Eau, Bois et Feu (fig. 4). Le système de la destruction ou de la genèse réciproque de ces cinq éléments, qui jouent un rôle essentiel dans la médecine chinoise, vient compléter les figures du YIJING, plus anciennes, et achève ainsi la constitution d'un cosmos parfaitement cohérent.

TAIJI, YIN-YANG, Huit Trigrammes et cinq Éléments sont des notions clés de la pensée chinoise traditionnelle. Cette cosmologie a connu d'innombrables applications dans des domaines aussi divers que la thérapeutique, la tactique militaire, l'historiographie, la divination ou, comme nous allons le voir, les arts martiaux.

2. QUAN

Le terme QUAN qui se traduit par « poing » et par extension « boxe », fait référence à la pratique chinoise traditionnelle du combat à mains nues souvent désignée sous

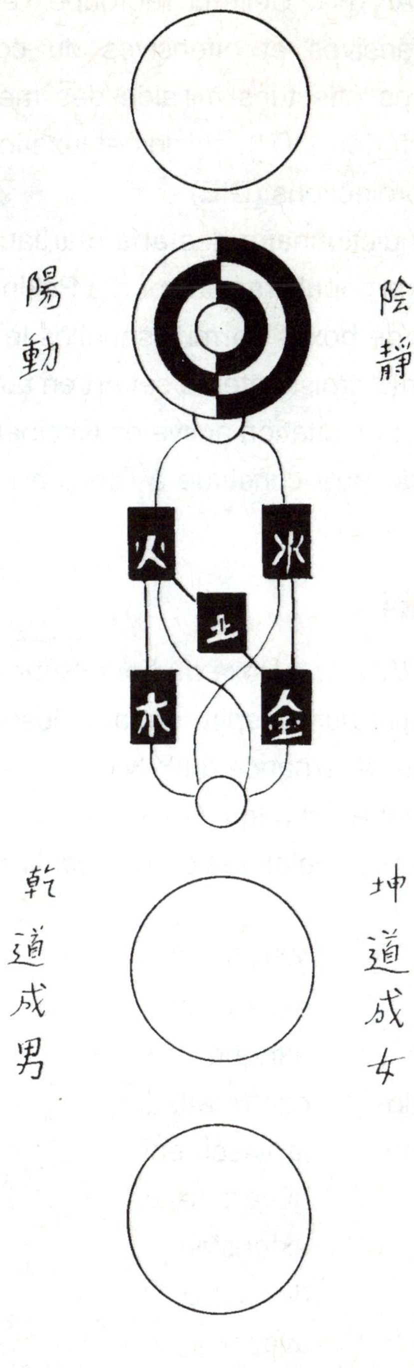

Fig. 4: le diagramme de ZHOU DUNYI

le nom de QUAN FA. Celle-ci regroupe l'ensemble des possibilités défensives et offensives du corps humain: parades et coups effectués à l'aide des membres supérieurs (DA) et inférieurs (TI), saisies et luxations (NA), renversements et projections (DIE).

Le « Grand dictionnaire des arts martiaux » publié en 1990 aux Éditions populaires du sport à Pékin recense plus de 350 variétés de boxes parmi lesquelles le TAIJI QUAN. Ainsi, la popularité croissante de cet art en tant qu'exercice prophylactique et méditation active en Occident ne doit pas nous faire oublier qu'il constitue à l'origine une technique de combat.

3. TAIJI QUAN

Le TAIJI QUAN ou « Boxe du Faîte Suprême » est une forme d'art martial qui s'inspire de la philosophie du TAIJI et notamment de l'alternance du YIN et du YANG. Ainsi, au cours de la pratique, tous les mouvements du TAIJI QUAN peuvent être classés selon les deux modalités: négative et positive.

YIN	**YANG**
inspiration	expiration
défense	attaque
transformation	contre-attaque
accumulation	jaillissement
fermeture	ouverture
flexion	extension
montée	descente
recul	avance
etc.	

Synthèse de techniques de combat ancestrales et de théories philosophiques et médicales, cet art se fonde non pas sur l'emploi de la force physique mais sur le développement d'une énergie interne ou NEIJING et d'une attitude spirituelle cultivant l'oubli de soi. En effet, le TAIJI QUAN tient la force et la dureté pour limitées et éphémères et préconise l'usage de la souplesse. Le DAO DE JING ne déclare-t-il pas: « Rien n'est plus souple et plus faible que l'eau, et pourtant rien ne l'égale pour briser ce qui est dur et fort. »

En rejouant le jeu de l'univers en perpétuelle mutation, l'adepte du TAIJI QUAN participe également à la bonne marche de celui-ci. Microcosme relié au macrocosme, il harmonise en lui les deux principes antagonistes du YIN et du YANG en devenant lui-même un TAIJI.

Traditionnellement, le TAIJI QUAN se rattache au courant interne des arts martiaux, concept développé au XVIIe siècle dans les écrits de HUANG LIZHOU et HUANG BAIJIA qui préconisaient de « vaincre le mouvement par la tranquillité et l'adversaire par la contre-attaque ». Ce courant, également désigné sous le nom de WUDANG en référence au mont où vécu l'ermite ZHANG SANFENG, le créateur légendaire du TAIJI QUAN (Fig. 5) regroupe depuis le siècle dernier les 3 arts du TAIJI QUAN, du BAGUA ZHANG (Boxe des Huit trigrammes) et du XINGYI QUAN (Boxe de la forme et de la pensée). Bien qu'en affinité, ces trois techniques insistent chacune sur un aspect différent de la pratique martiale, l'art du TAIJI QUAN résidant dans les mouvements tournants de la taille, l'art du BAGUA ZHANG dans les déplacements et l'art du XINGYI QUAN dans le « jaillissement de l'énergie » (FA JING).

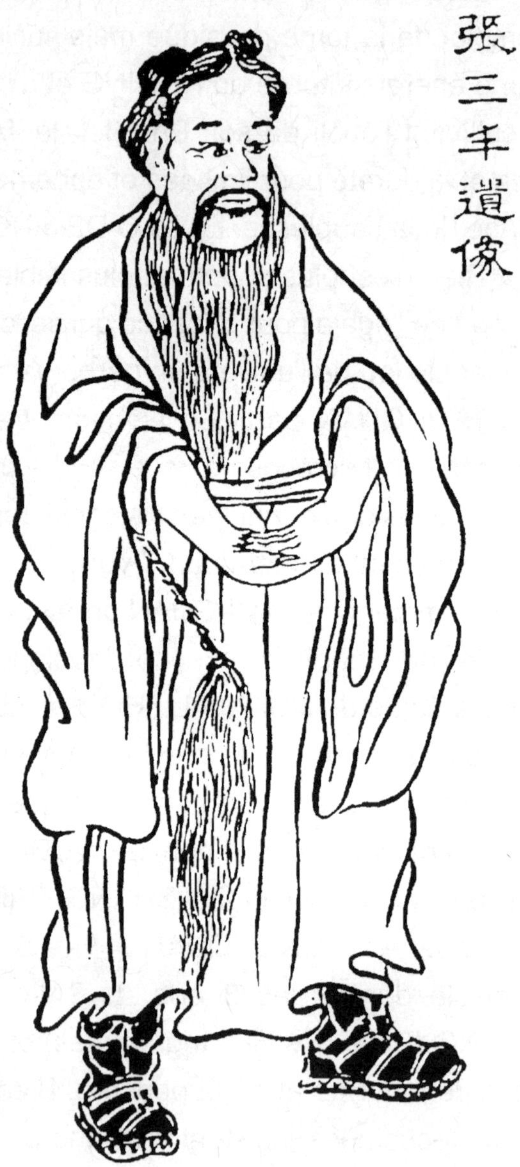

Fig. 5 : L'ermite ZHANG SANFENG, créateur mythique du TAIJI QUAN

De ces trois arts, le TAIJI QUAN est aujourd'hui le plus populaire. Sa très large diffusion s'explique par le fait que certains de ses détenteurs surent s'adapter au début du XXe siècle à une évolution sociale qui rendait caduques les anciennes techniques de combat. Ainsi, délaissant la vocation guerrière du TAIJI QUAN, ses maîtres le transformèrent en une technique prophylactique et un art de vivre. Des cinq écoles majeures, YANG, WU de WU JIANQUAN, WU de HAO YUERU, SUN et CHEN, seule cette dernière a préservé son aspect originel.

4. Les caractéristiques de l'école CHEN de TAIJI QUAN

Alors que les autres écoles ont adopté un mouvement uniformément lent et harmonieux et privilégient une pratique de santé, l'école CHEN a conservé l'alternance de la lenteur et de la rapidité, de la souplesse et de la dureté, qui lui confère son apparence indéniablement martiale.

La pratique de l'école CHEN comprend deux enchaînements à mains nues désignés sous les noms de « Treize postures » (SHI SAN SHI) pour le premier et « Poings canons » (PAO CHUI) pour le second. Ces deux enchaînements visent à la fois à renforcer l'extérieur, c'est-à-dire la condition physique, et l'intérieur à travers le développement de « l'énergie interne » ou NEIJING.

S'il s'agit bien à l'instar des autres arts martiaux d'accroître le potentiel énergétique du pratiquant, la démarche du TAIJI QUAN est particulière en ce qu'elle se base sur le relâchement du corps qui prélude à l'obtention d'une qualité de souplesse harmonisant la flexibilité et la rigidité, le YIN et le YANG.

L'enchaînement des Treize postures qui comporte 82 mouvements se base sur la mise en branle d'une forme d'énergie connue sous le nom « d'énergie enroulée en fil de soie » ou CHAN SI JING qui se manifeste dans un mouvement spiralé continu des quatre membres. C'est cet enchaînement dans sa forme ancienne (LAO JIA), source historique de toutes les autres formes de TAIJI QUAN, que nous présentons dans cet ouvrage.

Le second enchaînement, les « Poings canons », qui comprend 71 mouvements, surprend souvent le néophyte par son caractère offensif qui s'exprime à travers de nombreuses « explosions d'énergie » (FA JING), des coups de talon dans le sol (ZHEN JIAO, littéralement « pied ébranlant la terre ») et des sauts.

Le maître LI YIYU (1832-1892) a dit que « la pratique quotidienne de l'enchaînement est un exercice pour se connaître soi-même ». Pour connaître l'autre et affiner son énergie au contact de l'adversaire, le TAIJI QUAN dispose d'une méthode d'entraînement spécifique appelée « poussées des mains » ou TUI SHOU en raison du contact constant des avant-bras des partenaires. Ces « poussées des mains » comprennent dans l'école CHEN de nombreuses techniques de saisies et luxations (QINNA) et de renversement de l'adversaire (DIE) absentes des autres écoles.

L'étude de l'école CHEN aborde également les domaines du combat à distance ou SAN SHOU et de la pratique des armes traditionnelles avec notamment l'épée (JIAN), le sabre (DAO), la perche (GANZI), la lance (QIANG) et la hallebarde (CHUN QIU DAO).

II. Origine et développement du TAIJI QUAN

1. WANG ZONGYUE et le Traité du TAIJI QUAN

Le plus ancien et plus important texte consacré à la « Boxe du Faîte Suprême » est le Traité du TAIJI QUAN ou TAIJI QUAN LUN écrit par WANG ZONGYUE sous le règne de l'empereur QIANLONG (1736-1795). On ignore de qui WANG détenait son art de boxe ou s'il en fut lui-même le créateur. Dans son ouvrage « Technique du TAIJI QUAN » (SHANGHAI, 1982) le célèbre spécialiste GU LIUXING soutient que ce dernier aurait suivi l'enseignement de CHEN JIADI un boxeur de la 12ème génération du clan CHEN du village de CHENJIAGOU dans la province du HENAN, le berceau historique de l'école CHEN de TAIJI QUAN. Il ne s'agit là que d'une pure supposition fondée sur une concordance de dates, un autre auteur, XU ZHIDONG, affirmant à contrario que ce fut WANG ZONGYUE qui introduisit la pratique du TAIJI QUAN dans le village du clan CHEN.

Si au regard des documents dont nous disposons actuellement il semble impossible de clore cette controverse, la relation entre WANG ZONGYUE et CHENJIAGOU n'est pas moins certaine comme le prouve la similarité entre le « Chant de l'affrontement des mains » transmis par les boxeurs du clan CHEN et le chant du même nom attribué à WANG ZONGYUE. De plus, on sait que ce dernier résida vers 1790 dans les villes de LUOYANG et KAIFENG, toutes deux situées dans la province du HENAN. Il n'est donc pas impossible qu'il se soit rendu alors à CHENJIAGOU.

Pour écrire son traité, WANG ZONGYUE emprunta de nombreux éléments à ZHOU DUN YI (1017-1073) et LAO ZI. Une autre source notable est le traité du stratège SUN ZI dont le passage « Celui qui se connaît lui-même, connaît les autres et sort victorieux de cent batailles » trouve un écho dans un passage du TAIJI QUAN LUN déclarant « L'adversaire ne me connaît pas, moi seul je le connais ». La préface d'un autre écrit de WANG ZONGYUE, le Traité de la lance YINFU, confirme ces différentes influences: « Monsieur WANG de la province du SHANXI a étudié depuis l'enfance les classiques et les annales historiques. Qu'il s'agisse du Livre de l'Empereur jaune, du LAO ZI ou du SUN ZI, il n'est aucun livre qu'il n'ait lu. Il maîtrise également l'art du combat à mains nues, l'escrime et le maniement de la lance. »

La découverte du TAIJI QUAN LUN remonte à la dernière année de l'ère XIAN FENG de la dynastie des QING (1852). Un candidat aux examens mandarinaux, WU YUNING, alors qu'il traversait le district de WUYANG dans la province du HENAN le trouva dans un dépôt de sel avec trois autres textes qui sont, le Chant de l'affrontement des mains (DA SHOU GE), le Chant des Treize postures (SHI SAN SHI XING GONG GE) et la Signification du TAIJI QUAN (TAIJI QUAN SHI)*.

2. CHEN PU, l'ancêtre du clan CHEN

Un membre tardif du clan CHEN, CHEN XIN (1849-1929) déplorant que la transmission de la boxe soit essentiellement orale, rédigea au cours d'une vingtaine d'années les quatre parties du Livre illustré et commenté de la boxe TAIJI du clan CHEN (CHEN SHI TAIJI QUAN TUSHUO). Il y intégra des éléments empruntés à WANG ZONG YUE, au YIJING et à la théorie médicale de la circulation du souffle dans les méridiens, et attribua la création du TAIJI QUAN au fondateur de son clan familial, CHEN PU.

Le clan CHEN n'est pas originaire de la province du HENAN mais du district de HONGTONG dans la province du SHANXI. Dans son « Introduction générale à la boxe TAIJI du clan CHEN », CHEN JIPU (1893-1972) raconte que le clan migra lors de la septième année du règne de l'empereur HONGWU des MING (1374) et qu'il combattit victorieusement sous la direction de CHEN PU, une troupe de brigands qui contrôlait le site de CHENJIAGOU. L'auteur ajoute que dès cette époque les boxeurs du clan CHEN se seraient organisés au sein d'une société de boxe (WUXUESHI) assurant ainsi la transmission du TAIJI QUAN. Toutefois, aucun document historique ne confirme ces allégations.

* L'ensemble de ces écrits est aujourd'hui compilé sous le titre de Recueil de la boxe TAIJI (TAI JI QUAN PU).

3. La création historique de la boxe du clan CHEN

A l'heure actuelle, on considère généralement que le TAIJI QUAN fut créé par CHEN WANGTING (1600-1680), un représentant de la neuvième génération du clan CHEN. Les annales du district de WENXIAN (WENXIAN ZHI) rapportent que ce rejeton d'une famille de propriétaires terriens embrassa au cours de sa jeunesse une carrière militaire et réprima des troubles avant de regagner son village natal après la chute de la dynastie MING en 1644. Il a laissé le poème autobiographique suivant:

« Hélas, autrefois j'allais, lourdement chargé d'armes et de fardeaux, mater les rébellions. J'ai affronté le danger et connu l'échec mais l'Empereur m'a accordé son pardon. A présent, je suis un vieillard essoufflé dont le seul réconfort est le Livre de la Cour jaune (un traité taoïste). Dans mes moments de loisirs, je perfectionne la boxe, le reste du temps, je travaille dans les champs. J'enseigne à quelques jeunes gens l'art de se transformer en dragons et en tigres et d'agir librement. »

D'après la compilation de la boxe et des armes du clan CHEN (CHEN SHI QUAN XIE PU), la boxe transmise par CHEN WANGTING comportait les cinq formes des treize postures, la boxe longue en 108 mouvements ainsi que les « poings canons ». Le traité de méditation taoïste mentionné dans le poème indique par ailleurs la possibilité d'un apport des techniques psycho-corporelles des adeptes du TAO dans la formation de la boxe du clan CHEN. Les documents généalogiques du clan CHEN, auxquels le spécialiste du TAIJI QUAN, GU LIUXING consacra une étude, attestent la création de techniques de combat par CHEN WANGTING:

« ZOUTING (WANGTING) occupa une charge militaire à la fin des MING (...). Il était renommé dans la province du SHANDONG pour sa bravoure. C'était un expert de boxe qui créa des techniques de sabre et de lance. »

4. Le canon de la boxe

Un autre historien, TANG HAO (1897-1959) examina le corpus des textes conservés à CHENJIAGOU et en particulier un « Chant du canon de la boxe » (QUANJING ZONG GE) attribué à CHEN WANGTING. Le chercheur parvint à la conclusion que ce chant était un plagiat grossier d'un texte sensiblement plus ancien, le Canon de la boxe (QUANJING) du célèbre général QI JIGUANG (1528-1587).

Dans son traité militaire, le JI XIAO XIN SHU, d'où est tiré le QUANJING, le général MING brosse un panorama complet des arts martiaux pratiqués à son époque:

« Les boxes anciennes remontent à l'empereur TAIZU des SONG. Il y a la boxe longue en trente-deux postures, la boxe des six pas, la boxe du singe et la boxe des transformations. Bien que leurs noms diffèrent, leurs contenus sont comparables. Les boxes récentes sont la boxe en soixante-douze déplacements, les trente-six fermetures, les vingt-quatre manières d'apaiser le cheval, les huit éclairs, les douze mouvements courts. Chacune de ces écoles possède ses points forts, mais les huit techniques de LU HONG ne valent pas la boxe cotonneuse de combat rapproché de ZHANG. Dans la province du SHANDONG, la jambe de LI BANTIAN, les Saisies du Roi des Aigles, les Mille projections de ZHANG et les frappes de ZHANG BOJING sont toutes fameuses. Le bâton du monastère de SHAOLIN rivalise avec celui de la région de QINGTIAN. La lance de la famille YANG et les techniques de boxe et de bâton BAZI sont également remarquables ».

QI JIGUANG opéra la synthèse de ces seize écoles, sélectionnant trente-deux techniques qu'il rassembla dans son Canon de la boxe. Au sujet de celles-ci, il déclare: « Les postures s'enchaînent jusqu'à remporter la victoire sur l'adversaire; leurs combinaisons sont infinies ». Dans son « Chant du canon de la boxe », CHEN WANGTING reprend vingt-neuf des trente-deux postures décrites par son illustre prédécesseur, chacune des anciennes formes de la boxe CHEN commençant par le même mouvement que l'enchaînement de QI: « soutenir le pan du vêtement » (LAN ZA YI).

4 3 2 1

8 7 6 5

Illustration des 32 postures du Canon de la boxe
tirée du SAN CAI TU HUI

12 11 10 9

16 15 14 13

Illustration des 32 postures du Canon de la boxe tirée du SAN CAI TU HUI

20 19 18 17

24 23 22 21

Illustration des 32 postures du Canon de la boxe
tirée du SAN CAI TU HUI

28 27

26 25

32 31

30 29

Illustration des 32 postures du Canon de la boxe tirée du SAN CAI TU HUI

5. ZHANG SONGXI et le NEIJIA QUAN

Dans son Canon de la boxe, QI JIGUANG fait référence à « la boxe cotonneuse de ZHANG ». Il est possible que ce dernier soit ZHANG SONGXI, fameux expert de la boxe de l'École Interne (NEIJIA QUAN). En effet, on sait que le général se rendit dans la province du ZHEJIANG où ZHANG SONGXI jouissait d'un grand prestige comme en témoigne la biographie qui lui est consacrée dans les annales de la ville de NINGBO (NINGBO FUZHI) « SONGXI avait l'apparence d'un lettré, son allure était modeste et réservée (...). A cette époque, la bravoure des moines de SHAOLIN était connue de tout l'Empire. Certains d'entre eux vinrent (dans la province du ZHEJIANG) pour combattre les pirates japonais. Après avoir entendu parler de la renommée de ZHANG SONGXI, ils voulurent se mesurer à lui ». Le texte narre ensuite les péripéties du combat qui opposa ZHANG à un bonze: ce dernier adepte du WAIGONG (travail externe musculaire) se précipita sur son frêle adversaire qui le renversa d'un seul geste. Les principes « emprunter la force adverse » et « vaincre le mouvement par la tranquillité » illustrés par cette anecdote inspirèrent peut-être QI JIGUANG lorsqu'il opéra sa synthèse. La « boxe cotonneuse » de ZHANG SONGXI aurait ainsi pu influencer indirectement le développement de la boxe du clan CHEN qui reprend, comme nous l'avons vu, de nombreux éléments du QUAN JING.

La création de la boxe de l'École Interne est attribuée à l'ermite taoïste ZHANG SANFENG qui vécut pendant les SONG (960-1279) sur le mont WUDANG dans la province du HUBEI. Dans l'épitaphe à WANG ZHENNAN écrite par HUANG BAIJIA et datée de 1669, nous trouvons les précisions généalogiques suivantes: « Un siècle après (ZHANG) SANFENG, sa technique se diffusa dans la province du SHANXI où son adepte le plus renommé fut WANG ZONG. Ce dernier l'enseigna à CHEN ZOUTONG de WEN ZHOU (province du ZHEJIANG) qui la diffusa parmi les siens. Sous l'ère JIAJING (1522-1567), ZHANG SONGXI en fut le principal représentant (...). Par la suite, cet art se développa dans la région de SIMING. » Malheureusement, nous ignorons si le WANG ZONG cité dans ce passage et WANG ZONGYUE sont une seule et même personne.

On notera ici que les écoles de TAIJI QUAN du début du siècle acceptaient pour la plupart cette version traditionnelle de l'origine de leur art qui aurait été créé par ZHANG SANFENG et se serait scindé à partir de WANG ZONGYUE en deux branches, l'une au Nord avec la boxe du clan CHEN de CHENJIAGOU dans le HENAN et l'autre au Sud avec la boxe de l'école interne qui s'implanta dans la province du ZHEJIANG et plus particulièrement dans la région de SIMING.

6. La diffusion du TAIJI QUAN

Le TAIJI QUAN dont la pratique resta confinée à CHENJIAGOU jusqu'au milieu du XIXe siècle serait resté probablement méconnu sans les efforts déployés par YANG LUCHAN et WU YUXIANG tous deux natifs du village de YONGNIAN dans la province du HEBEI.

YANG LUCHAN (1799-1872) est originaire d'une famille de paysans pauvres qui vendirent leur rejeton à un négociant de la famille CHEN. Devenu employé agricole à CHENJIAGOU, la légende raconte qu'il espionna les entraînements des boxeurs du clan CHEN dirigés par CHEN CHANGXING (1771-1853). Finalement découvert, les dons manifestés par YANG étaient tels que CHEN dérogea à la règle du secret et l'accepta comme disciple. Sous la férule de son maître, YANG étudia pendant dix-huit années la boxe du clan CHEN dont les sept formes originelles avaient été condensées en deux enchaînements: les Treize postures et les Poings canons. A son retour dans son village natal de YONGNIAN, YANG LUCHAN initia à son art de combat WU YUXIANG (1812-1880), le fils d'une famille de notables dont le frère aîné, YUNING (1800-1884), ne fut autre que l'auteur de la découverte des traités de WANG ZONGYUE relatée plus haut.

WU YUXIANG, impressionné par la maestria de YANG se rendit à son tour à CHEN JIAGOU pour y étudier la boxe. CHEN CHANGXING étant alors âgé de quatre vingt-deux ans et trop vieux pour enseigner, il rencontra néanmoins un autre expert, CHEN QINGPING (1795-1869) qui vivait dans le bourg de ZHAOBAO à quelque distance du village du clan CHEN. Ce dernier enseignait une technique sensiblement différente de la « Vieille forme » de CHENJIAGOU (LAO JIA) désignée sous le nom de « Petite forme » (XIAO JIA) en raison de ses postures basses et de ses mouvements très concentrés. Sur la base de cet enseignement et de l'apport théorique des traités de WANG ZONGYUE, WU YUXIANG fonda sa propre école désignée ultérieurement sous le nom d'école WU.

Un événement majeur de l'histoire du TAIJI QUAN fut son introduction à Pékin par YANG LUCHAN vers 1850. YANG enseigna notamment son art à trois instructeurs de la garde impériale, les mandchous WAN CHUN, LING SHAN et QUAN YOU. Confronté aux meilleurs lutteurs et boxeurs de la capitale, YANG remporta tous les défis auxquels il fut confronté, ce qui lui valut le surnom de « YANG le Sans rival » (YANG WUDI).

De tous les disciples de YANG LUCHAN, QUAN YOU (1834-1902) fut celui qui maîtrisa le mieux « l'énergie transformante » (HUA JING). Ce dernier transmit le savoir de YANG au prince mandchou CHANG YUANTING (1860-1928) dont le fils CHANG YUNJIE (1906-1970) préserva la forme originelle sous le nom de « Vieille forme de QUAN YOU » (QUAN YOU LAO JIA). Cette pratique est aujourd'hui conservée par les maîtres WANG BO et WU BANGCAI de SHANGHAI, derniers représentants de cette école.

Toutes les écoles actuelles de TAIJI QUAN – YANG, WU de WU JIANQUAN, WU de HAO YUERU et SUN – procèdent de la technique que YANG LUCHAN élabora à partir des Treize postures de la boxe du clan CHEN. Ces écoles n'apparurent qu'après l'effondrement de l'Empire QING et la proclamation de la 1er République chinoise en 1911. A l'aube du XXe siècle, la généralisation des armes à feu jeta le discrédit sur la pratique des arts martiaux traditionnels dont de nombreux experts furent décimés par le corps expéditionnaire international qui réprima la Révolte des boxers en 1900. Il fallut le génie des maîtres YANG CHENGFU (1883-1936) et WU JIANQUAN (1870-1942), les codificateurs des écoles YANG et WU, pour adapter la pratique de la « Boxe du Faîte suprême » à une société en totale mutation. D'art guerrier, le TAIJI QUAN se transforma progressivement en une technique prophylactique aux mouvements hauts, lents et harmonieux, destinée non plus à des professionnels du combat mais aux classes aisées des grandes cités du Sud chinois, en particulier la nouvelle bourgeoisie d'affaires. Le fameux expert des boxes internes SUN LUTANG (1860-1932) et HAO YUERU (1877-1935) suivirent la même voie en fondant leurs écoles SUN et WU, le nom de cette dernière faisant référence à l'enseignement de WU YUXIANG à la filiation duquel elle se rattache.

7. Le maître CHEN FAKE

Bien que l'école CHEN de TAIJI QUAN soit considérée comme la plus ancienne, elle fut la dernière à accéder à la notoriété, cela grâce au maître CHEN FAKE qui la révéla à PEKIN en 1928.

CHEN FAKE est considéré comme le plus grand expert de l'école CHEN de l'époque moderne. Il naquit lors de la 14ème année de l'ère GUANGXU (1888) dans une famille de boxeurs de CHENJIAGOU. De faible constitution physique pendant son enfance, il aurait entendu des voisins plaindre son père, CHEN YANXI, d'être affligé d'un fils incapable d'assurer la transmission de la technique de combat familiale. La légende raconte que le jeune homme décida alors de s'entraîner sans relâche, effectuant chaque jour 30 enchaînements des Treize postures, ainsi que mille

Le maître CHEN FAKE vers 1955

mouvements de pique avec une lourde perche en bois afin de renforcer ses membres supérieurs. Ce régime draconien porta ses fruits et à dix-sept ans, il fut capable de vaincre en combat singulier un lutteur local surnommé « le taureau » en raison de sa grande force.

A l'instar de tous les maîtres des arts martiaux, de nombreuses anecdotes rapportent les exploits guerriers de CHEN FAKE. Ainsi, alors qu'il était âgé d'une trentaine d'années, la Société des Piques rouges, un avatar de la société secrète du Lotus blanc, semait des troubles dans la région de CHENJIAGOU. Ses sectateurs prétendaient que leur chef était invulnérable aux coups portés au sabre ou à la lance. Décidé à mettre un terme à leurs agissements, FAKE affronta ce dernier: armé d'une simple perche en bois, il transperça néanmoins son adversaire prétendument invincible ! Quelques années plus tard, invité à enseigner son art par le Seigneur de la guerre HAN FUJU, son refus provoqua la colère du despote. Défié par les experts de WUSHU de ce dernier, il se débarrassa d'un adversaire armé d'une lance et désarma un sabreur en utilisant seulement ses pieds...

En 1928, il se rendit à PÉKIN pour y diffuser son école de boxe. On rapporte que lors de sa première démonstration publique, ses techniques étaient si puissantes que les vitres de la salle en tremblaient. Le parterre d'experts de TAIJI QUAN des écoles YANG et WU réunis pour l'occasion refusa d'ailleurs de voir là l'origine de leur art. Accusé de professer une variante de la boxe de SHAOLIN, CHEN FAKE s'imposa malgré tout dans la capitale. A la différence de nombreux maîtres, il n'adopta pas de disciples officiels. Parmi ses élèves, on peut citer les experts de TAIJI XU YUSHENG et SHEN JIAZHEN ainsi que TIAN XIUCHE, LI JINWU, HONG JUNCHENG, LEI MUMIN et FENG ZHIQIANG, le seul à être en vie actuellement et qui suivit son enseignement à partir de 1951. En 1954, le maître WANG BO, alors expert de l'école YANG de TAIJI QUAN et de la Boxe interne de SIMING, gagna PÉKIN en compagnie de GU LIUXING, bien connu pour ses travaux sur l'histoire et la théorie du TAIJI QUAN, pour y étudier l'école CHEN sous la direction de CHEN FAKE. Vers la même époque, ce dernier participa à la création de l'Association de WUSHU de Pékin dont il occupa le poste de président jusqu'à sa disparition en 1957.

8. La transmission de l'école CHEN

Le chaos politique qui agita la Chine pendant plusieurs décennies et surtout la période de la « Grande Révolution culturelle prolétarienne » (1966-1976) provoqua un hiatus dans la transmission de l'école CHEN de TAIJI QUAN.

CHEN FAKE eut un fils, ZHAOKUI qui hérita de son habileté martiale. Simple ouvrier dans la capitale, celui-ci se rendit clandestinement à deux reprises à SHANGHAI pour y enseigner la boxe. Jalousé, il fut dénoncé aux autorités qui le renvoyèrent à Pékin. Il disparut en 1981 sans laisser de descendant.

Au début des années quatre-vingt, la nouvelle politique de modernisation et d'ouverture, et l'intérêt manifesté par les étrangers à l'égard des arts martiaux traditionnels, incita le gouvernement à restaurer ceux-ci non sans les adapter au goût du jour. Dans la province du HENAN, l'aménagement des sites du monastère de SHAOLIN et du village de CHENJIAGOU en centres touristiques contribua indubitablement au développement économique de cette région. Quatre jeunes experts, CHEN XIAOWANG, CHEN ZHENGLEI, tous deux membres de la famille CHEN, WANG XI'AN et ZHU TIANCAI participèrent à la promotion de l'école CHEN en effectuant de nombreux déplacements tant en Chine qu'à l'étranger et en codifiant les techniques dans des formes accessibles à tous. Notons ici qu'il existe une confusion entre les formes enseignées par ces derniers et celles léguées par CHEN FAKE, toutes désignées sous l'appellation générique de « Forme ancienne » (LAO JIA).

A l'heure actuelle où les techniques simplifiées de TAIJI QUAN de l'école CHEN font florès avec des enchaînements en 42, 38 voire 24 mouvements, et que s'instaure une pratique de compétitions internationales basée sur l'exécution d'un enchaînement codifié, seuls quelques experts semblent encore transmettre l'héritage des maîtres CHEN FAKE et CHEN ZHAOKUI.

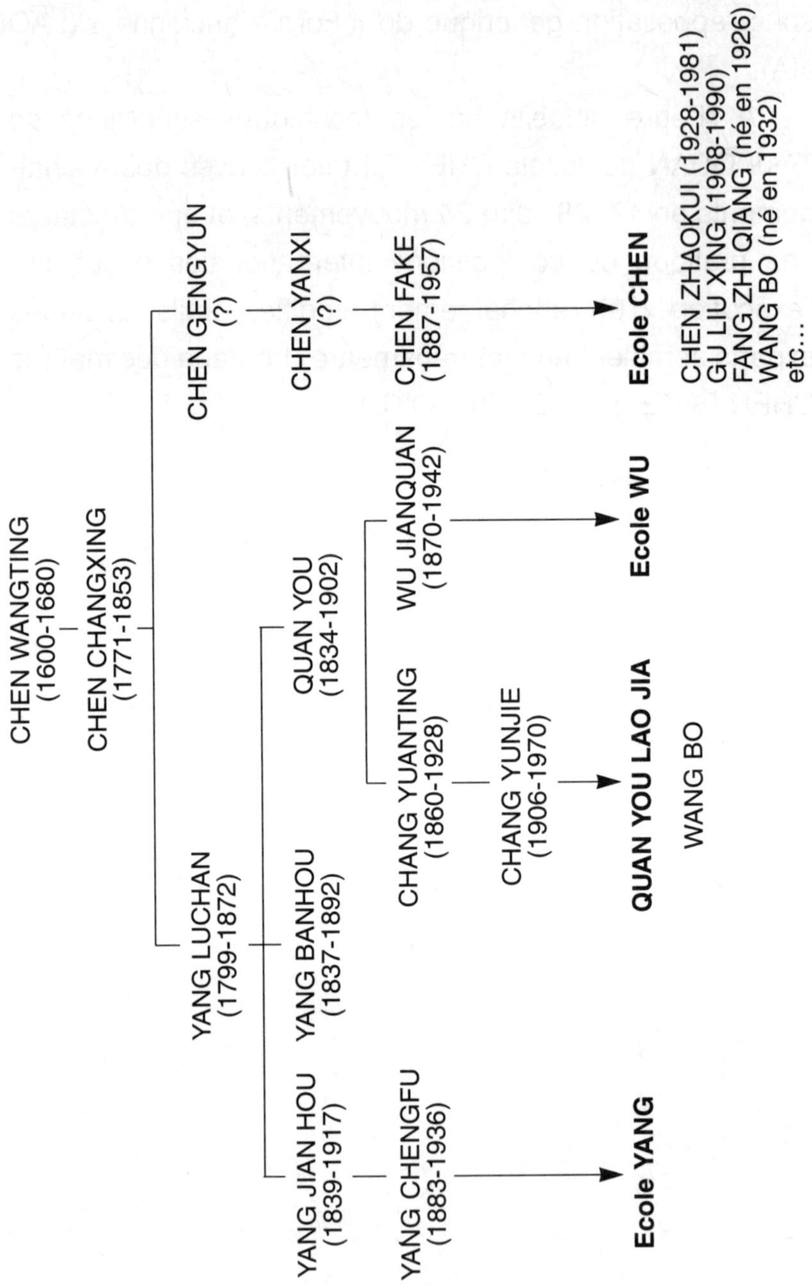

Généalogie de la Forme ancienne
de l'école CHEN de TAIJI QUAN

III. Les principes de base

Dans la pratique du TAIJI QUAN, le travail du corps est régi par des principes stricts qui concernent les formes des mains (SHOU), le regard (YAN), l'attitude du corps (SHENFA) et les pas (BU). De l'observance de ceux-ci dépendent étroitement les qualités d'exécution de l'enchaînement et la progression dans les exercices à deux. Le pratiquant accordera donc une importance toute particulière à l'application de ces principes qui constituent un premier palier dans l'apprentissage.

1. Les formes des mains

Les formes des mains employées dans les postures du TAIJI QUAN sont la paume (ZHANG), le poing (QUAN) et la main en forme de crochet (GOU SHOU):

l) La paume: la main est ouverte, les doigts sont étendus et un peu écartés les uns des autres à l'exception du pouce.

Index, majeur et annulaire doivent être légèrement recourbés vers l'arrière (photo 1).

Photo 1: La paume

Dans les classiques il est dit: « l'énergie plonge ses racines dans les talons, est émise à partir des jambes, est dirigée par la taille et se manifeste dans les doigts des mains ». Ainsi, lorsque le pratiquant est parvenu à une certaine maîtrise des exercices, et à la compréhension de l'alternance du vide (YIN) et du plein (YANG) au sein de chaque mouvement, il doit alors exprimer celle-ci au niveau de la paume qui se creuse pendant les phases d'accumulation de l'énergie et s'étire lorsque l'énergie est émise. Nous verrons plus loin que la mise en branle de l'énergie fondamentale de l'école CHEN, « l'énergie enroulée comme un fil de soie », est étroitement liée aux mouvements de rotation des paumes.

Photo 2: Le poing

2) Le poing: les quatre doigts sont étroitement repliés dans le creux de la paume, le pouce recouvrant les deuxièmes phalanges de l'index et du majeur (photo 2).

Lors de la pratique, le poing reste détendu pendant les périodes d'accumulation de l'énergie et se contracte fugacement à l'instant où celle-ci est libérée. Ce procédé qui permet au boxeur de concentrer son énergie sur le point d'impact est désigné sous le nom « d'énergie d'un pouce » (CUN JING).

Le TAIJI QUAN comporte essentiellement cinq formes de coup de poing qui sont « Couvrir la main et abattre la masse du poing » (YAN SHOU GONG CHUI), « Coup de poing le corps à l'oblique » (PIE SHEN CHUI), « Le poing visible sous le coude » (ZHOU DI CHUI), « Le poing frappe la terre » (JI DI CHUI) et « Coup de poing au pubis » (ZHI DANG CHUI).

Photo 3: La main en forme de crochet

3) La main en forme de crochet: les extrémités du pouce et de l'index sont en contact, les trois autres doigts étant repliés dans le creux de la paume. Le poignet doit être maintenu fléchi (Photo 3).

Cette forme de main figure la saisie d'un membre de l'adversaire. En effet, l'école CHEN de TAIJI QUAN comporte de nombreuses techniques de saisie s'appliquant sur les tendons, les points vitaux, les artères ou les méridiens de circulation du souffle.

2. Le regard

Les classiques disent que « le regard suit les rotations des mains, son éclat décochant des flèches dans les quatre directions », ce qui signifie que tout en suivant les mouvements des mains, le regard doit être attentif au haut et au bas ainsi qu'aux deux côtés. Les principes des mouvements des yeux au cours de la pratique sont les suivants:

l) Pour la plupart des mouvements de l'enchaînement, le regard reste dirigé vers l'avant sur un plan horizontal. Toutefois dans certains mouvements tels que « Le poing frappe la terre », le regard est dirigé vers le bas. Dans ce dernier cas, le mouvement des yeux ne doit pas influer sur la position de la tête qui reste alignée sur l'axe vertébral.

2) Les techniques de TAIJI QUAN s'effectuant en avançant, en reculant et en pivotant vers la droite ou la gauche, le regard suit le mouvement du corps et les rotations du bassin, l'attention se fixant sur la signification martiale des techniques.

3) Le regard est lié à l'intention de l'esprit. Ainsi, il participe au mouvement du corps de façon à « lier l'intérieur et l'extérieur » et à exprimer l'énergie du boxeur.

3. L'attitude du corps

Au cours de la pratique, l'adepte doit observer les douze règles suivantes concernant l'attitude corporelle:

1) « Apaiser le cœur et relâcher le corps »

Dans ce premier point réside l'aspect fondamental de l'exercice du TAIJI QUAN qui est le relâchement musculaire (SONG), notion souvent confondue en Occident avec un relâchement de l'attitude, voire la mollesse. Ici, il s'agit d'éliminer les tensions qui entravent le mouvement en relâchant le poids du corps vers le bas, ce qui ne saurait être possible si l'esprit n'est pas calme ou pour reprendre l'expression chinoise si le cœur n'est pas apaisé. Ce relâchement combiné aux autres principes a pour conséquence, un étirement passif de tous les groupes articulaires du corps. On notera ici qu'il ne constitue qu'une étape permettant d'accéder à la souplesse (ROU) puis à la dureté (GANG), le but du boxeur étant d'unir ces deux derniers aspects, autrement dit le YIN et le YANG.

2) « Conserver l'axe »

Tout en exécutant les techniques, le pratiquant doit veiller à conserver constamment les points BAIHUI ou « Cent rencontres » (situé au sommet de la tête) et HUIYIN ou « Réunion des YIN » (situé entre le scrotum et l'anus) dans le même axe vertical. Le maître CHEN CHANGXING (1771-1853) était surnommé « Stèle de pierre » en raison de sa posture parfaitement droite. Néanmoins, le dos doit rester flexible ce qui permet au corps d'effectuer les esquives et les manœuvres de transformation de l'énergie adverse, seuls les deux points cités plus haut restant alignés. Ce mouvement du corps, désigné par l'expression « plier-déplier » (ZHIDIE) est l'une des caractéristiques des formes traditionnelles de TAIJI QUAN, absente des formes de création plus récente.

3) « Vider la nuque et diriger l'énergie vers le sommet de la tête »

Le pratiquant doit imaginer que sa tête est suspendue à un fil ou qu'un bol rempli d'eau est posé en équilibre sur le sommet du crâne. Ainsi, la nuque se redresse et le menton recule de telle façon que les muscles spinaux se relâchent. En stimulant le point BAI HUI (cf. plus bas), cette attitude de la tête contribue à mobiliser l'énergie et à éveiller l'esprit.

4) « Abaisser le souffle au point DANTIAN »

Le point DANTIAN ou « Champ du cinabre » qui se situe au-dessous de l'ombilic, est considéré en Extrême-Orient comme le centre vital du corps humain. Le boxeur y concentre son souffle: c'est le sens du premier mouvement de l'enchaînement de l'école CHEN qui s'effectue sur place, les mains décrivant des cercles autour de l'abdomen. Pendant le déroulement de l'enchaînement, à l'inspiration, le souffle s'accumule dans ce point, et à l'expiration, il se diffuse jusqu'aux extrémités des quatre membres. La sensation du point DANTIAN est favorisée par la technique respiratoire, dite « respiration inverse » (NIE FUXI) employée par les adeptes de l'école CHEN (voir plus loin).

5) « Rentrer la poitrine et étirer le dos »

A la différence des sports occidentaux, le TAIJI QUAN n'insiste pas sur le développement de la cage thoracique, la morphologie des adeptes de l'école CHEN se caractérisant par une « taille d'ours » et un « dos de tigre ». Ainsi, la poitrine doit rester relâchée de façon à permettre l'abaissement du souffle au point DANTIAN. Le maître LI YIYU a écrit que lorsque les bras des adversaires sont en contact « les principales manœuvres de transformation de l'énergie (adverse) s'effectuent au niveau de la poitrine et de la taille ». Le dos, quant à lui, ne doit être ni cambré ni courbé mais « déroulé » vers le haut à partir de la 3ème vertèbre dorsale. De cette façon, « le souffle adhère au dos » et « l'énergie est émise depuis l'axe spinal ».

6) « Lâcher les épaules et garder les coudes vers le bas »

L'abaissement du souffle au point DANTIAN est impossible si les épaules et les coudes sont levés. Dans l'école CHEN, les épaules sont légèrement arrondies vers l'avant, l'étirement de la ceinture scapulaire s'effectuant depuis la base de la nuque. Pour ce qui est des coudes, ceux-ci ne doivent ni découvrir le corps, ni se coller aux côtés.

7) « Fléchir les poignets et étirer les doigts »

Une erreur courante dans la pratique du TAIJI QUAN est de garder les poignets complètement relâché. Désignés sous le nom de « bouches du souffle » (QIKOU) dans la médecine chinoise, les poignets sont en relation à travers les méridiens avec les principaux organes. Il convient donc de les mobiliser de façon à favoriser la circulation du souffle et l'équilibre énergétique. Du point de vue martial, le développement de la sensation de « l'énergie enroulée en fil de soie » repose essentiellement sur des mouvements combinés de rotation et de flexion des poignets. Les mains doivent être étirées de façon que « l'énergie se manifeste dans les doigts » et que « tout le corps soit uni par le même souffle ».

8) « Relâcher la taille et arrondir l'entrejambe »

Dans la pratique du TAIJI QUAN, tous les mouvements du corps trouvent leur origine dans le mouvement de la taille. C'est pourquoi l'on dit que « la taille est le maître du corps » ou que « la taille est semblable à un essieu et le souffle pareil à une roue ». L'entrejambe doit être arrondi et relâché afin de répondre au 3ème principe « vider la nuque et diriger l'énergie vers le sommet de la tête », en étirant l'axe vertébral entre les points BAIHUI et HUIYIN. L'arrondissement de l'entrejambe favorise également les passages du vide (YIN) au plein (YANG) entre les deux pieds.

9) « Aligner le coccyx dans l'axe »

Pendant l'exercice, il faut veiller à ce que les fesses ne saillent pas vers l'arrière, l'attitude correcte du bassin consistant à « aligner le point WEILU (coccyx) dans l'axe ». Cette attitude ne s'obtient pas par une action mécanique de bascule du bassin vers l'avant (rétroversion) mais par le relâchement progressif de la zone du point « Porte de la vie » (MINGMEN) situé entre la 2e et la 3e vertèbre lombaire. Une fois que le bassin est relâché et le coccyx aligné dans l'axe, la stabilité du pratiquant s'accroît et dans les mouvements d'émission de l'énergie « celle-ci est émise à partir de l'axe spinal ». Notons que quelle que soit la posture adoptée, le bassin doit rester parallèle au sol sans quoi l'axe est rompu.

10) « Fléchir les genoux et relâcher les hanches »

Le relâchement des hanches est essentiel à la réalisation des postures et des coups de pied. L'école CHEN se caractérise par l'amplitude de ses postures qui insistent sur l'abduction et la rotation externe des articulations coxo-fémorales. Pendant l'exécution des mouvements, les jambes sont constamment fléchies pour éviter le flottement du bassin et favoriser un transfert harmonieux du centre de gravité d'un pied sur l'autre. La flexion du genou ne doit en aucun cas excéder 90°. Selon la condition physique du pratiquant, l'enchaînement pourra être exécuté dans des formes haute (DA JIA), moyenne (ZHONG JIA) ou basse (XIAO JIA).

11) « Distinguer le vide et le plein »

Tous les mouvements de l'enchaînement présentent des aspects « vide » et « plein ». A l'instar du YIN et du YANG, du souple et du dur, de la tranquillité et du mouvement, le vide et le plein s'engendrent mutuellement et sans interruption pendant le déroulement de la séquence. Pour les membres inférieurs, on considère que la jambe « pleine » (YANG) est celle où repose le poids du corps, l'autre jambe étant alors « vide » (YIN). Le passage du plein au vide et vice versa doit s'effectuer progressivement à partir de la sensation du « coccyx aligné dans l'axe ». On distingue également des aspects vides et pleins entre les jambes et les mains. Ainsi par exemple, dans certains mouvements, la jambe droite et la main droite sont toutes deux pleines ou vides selon les cas. Dans d'autres mouvements tels que « Couvrir la main et abattre la masse du poing », la main qui effectue la technique principale est située du côté opposé à la jambe « pleine ».

12) « Aligner le haut et le bas »

Il est dit que « le corps ne doit être ni penché en avant ni courbé vers l'arrière et que les attitudes ne doivent être ni en deça, ni au-delà de l'axe d'équilibre ». Une maxime ajoute que « le point BAIHUI (situé au sommet de la tête) et le niveau médian du corps doivent être reliés par le même souffle ». Ainsi, pendant la pratique, le corps de l'adepte doit former une unité, un axe autour duquel s'ordonnent les mouvements.

4. Les pas

Ceux-ci sont au nombre de huit. Il s'agit du « pas d'ouverture » (KAI LI BU), du « pas du cavalier » (MA BU), du « pas de l'arc » (GONG BU), du « pas vide » (XU BU), du « pas assis » (ZUO PAN BU), du « pas du faisan doré sur une patte » (JIN JI DU LI BU), du « pas accroupi sur une jambe » (PU BU) et du « pas tombant en fourche » (DIE CHA).

I) Le pas d'ouverture: les pieds sont écartés de la largeur des épaules, les orteils légèrement dirigés vers l'intérieur alors que les genoux sont écartés vers l'extérieur. Cette opposition entre les pieds et les genoux permet de développer une sensation d'énergie en spirale, les jambes étant pareilles à des vis s'enfonçant dans le sol (photo 4).

Photo 4 *Le pas d'ouverture.*

2) Le pas du cavalier: les pieds sont écartés parallèlement de telle façon que les genoux soient à l'aplomb des orteils. Dans cette position, il faut à la fois avancer le bassin (sans toutefois forcer la rétroversion de celui-ci) et reculer les genoux, opposition qui développe la stabilité des membres inférieurs. Le nom de ce pas est dû à l'attitude des jambes qui semblent chevaucher une monture imaginaire (photo 5).

Photo 5 *Le pas du cavalier*

3) Le pas de l'arc: les deux pieds sont écartés largement en rotation externe, un seul genou venant à l'aplomb des orteils. Alors que dans les deux pas précédents, le poids du corps était également réparti entre les deux pieds, celui-ci est décalé à 70 % sur la jambe arquée qui donne son nom à cette position. On notera que la jambe arrière est légèrement fléchie et le genou écarté vers l'extérieur de façon à permettre le relâchement du bassin (photo 6).

Photo 6 *Le pas de l'arc(1)*

Si le bassin pivote dans la direction de la jambe arquée, alors la jambe arrière se tend et les hanches s'abaissent (photo 7).

Photo 7 *Le pas de l'arc (2)*

4) Le pas vide: le nom de ce pas provient de ce que le poids du corps repose entièrement sur une jambe (plein), les orteils du pied opposé effleurant le sol (vide). L'entrejambe doit être arrondi et le pied d'appui en rotation externe (photo 8).

Photo 8 *Le pas vide*

5) Le pas assis: les deux jambes sont croisées et accroupies, le pied avant en rotation externe, le pied arrière reposant sur les orteils. On notera que le genou de la jambe arrière touche le sol (photo 9).

Photo 9 *Le pas assis*

6) Le pas du faisan doré sur une patte: le nom de ce pas évoque l'attitude d'un oiseau perché sur une seule patte. La jambe d'appui est quelque peu fléchie pendant que le genou de l'autre jambe est maintenu le plus haut possible. La pointe du pied levé est dirigée vers le sol (photo 10).

Photo 10 Le pas du faisan doré sur une patte

7) Le pas accroupi: les pieds sont écartés largement en rotation externe, la jambe d'appui fléchissant complètement pour abaisser le bassin vers le sol. Le corps est légèrement tourné vers la jambe tendue (photo 11).

Photo 11 *Le pas accroupi*

8) Le pas tombant en fourche: ce pas n'apparaît que dans les formes anciennes de TAIJI QUAN (école CHEN et QUAN YOU LAO JIA). On peut l'adopter à partir du pas précédent en amenant le genou fléchi au sol et en relevant les orteils du pied avant.

Traditionnellement, il s'effectue en tombant sur le sol après un saut (photo 12).

Photo 12 *Le pas tombant en fourche*

5. Unir les cinq arcs

Dans la pratique de l'école CHEN, une fois les principes de base assimilés, l'adepte doit parvenir à mouvoir son corps comme une unité et à « diriger l'énergie dans les huit directions ». Cette étape du travail est désignée par l'expression « unir les cinq arcs », les cinq arcs correspondant aux quatre membres et au corps.

La « poignée » de l'arc du corps se situe à la taille au niveau du point MINGMEN ou « Porte de la vie » situé entre les 2e et 3e vertèbres lombaires. MINGMEN constitue ainsi l'origine du mouvement, de la force et des échanges entre le vide et le plein. A l'expiration, lorsque l'énergie est émise, la région correspondant à ce point doit être repoussée vers l'arrière. A l'inspiration, qui est la phase d'accumulation de l'énergie, le point MINGMEN doit être tiré en arrière. L'arc du corps se déploie entre le coccyx et le point YAMEN ou « Porte du mutisme » localisé à la hauteur de la première vertèbre cervicale.

La poignée de l'arc du bras est le coude qui doit constamment demeurer baissé et relâché. Les deux extrémités sont le poignet et l'épaule. Il est nécessaire de « fixer » ces deux articulations, d'une part, en abaissant l'épaule et en étirant le bras et, d'autre part, en fléchissant le poignet.

L'arc de la jambe est constitué du genou, sa poignée, et du talon et de la hanche qui en représentent les extrémités. Le genou doit être fléchi sans jamais dépasser la limite de l'aplomb des orteils; la hanche doit être relâchée et transmettre son énergie au talon.

Des cinq arcs, celui du corps est le principal, les quatre autres étant auxiliaires. Le corps doit être étiré dans toutes les directions de telle manière que le bas réponde au haut, que l'arrière réponde à l'avant et que la droite réponde à la gauche. Ainsi, « le corps entier est un poing » et « il n'y a pas de région du corps qui ne constitue un TAIJI ».

IV. LE NEIGONG

内功

1. La circulation du souffle

Le maître CHEN FAKE disait que « si l'interne ne se meut pas, l'énergie ne peut être extériorisée ». Lorsque l'adepte respecte tous les principes de base, il réalise les « six coordinations » qui sont celles de la main avec le pied, du coude avec le genou et de l'épaule avec la hanche. Il est alors en mesure d'aborder le domaine de l'énergie à travers le « travail interne » (NEIGONG) qui repose sur la souplesse et la lenteur préludant à l'obtention de la puissance et de la vitesse. L'objectif de ce travail est d'unir l'intérieur et l'extérieur de façon qu'en exécutant chaque posture « le mouvement s'effectue avec légèreté et sans interruption, la pensée (YI) dirigeant le souffle (QI) ».

De nombreux pratiquants croient que le but de la pratique du TAIJI QUAN est de développer le QI, terme générique qui désigne à la fois le souffle cosmique, l'énergie vitale de l'individu et l'air inspiré et expiré. Il y a là une confusion entre les notions de souffle (QI) et d'énergie interne (NEIJING) que nous abordons ci-après. Toutefois, une des conséquences d'un entraînement prolongé au TAIJI QUAN est de favoriser la circulation du QI, le souffle vital, à l'intérieur du corps et notamment dans un circuit formé par les deux canaux, l'un dit de fonction ou RENMAI et l'autre de contrôle ou DUMAI qui parcourent respectivement les lignes médianes des faces antérieure et postérieure du corps. Cette circulation connue sous le nom de « Petite révolution céleste » (XIAO ZHOU TIAN) s'effectue selon le trajet suivant:

• Le souffle quitte le point DANTIAN et gagne le point HUIYIN situé entre le scrotum et l'anus.

• A partir de HUIYIN, le souffle remonte le long du canal DUMAI qui suit l'axe vertébral en traversant les trois points WEILU (coccyx), JIA JI localisé sur le muscle spinal de chaque côté de la colonne et YU ZHEN (oreiller de jade) à la base du crâne.

Notons ici que le franchissement de ces trois points nécessite une pratique assidue reposant non pas sur la visualisation du parcours, mais sur un déblocage réel des souffles désigné comme « faire communiquer les trois passes » (TONG SAN GUAN).

• Après avoir franchi les trois passes, le souffle atteint le point BAI HUI au sommet du crâne puis redescend jusque dans la cavité buccale où s'achève le canal DUMAI.

• En collant la pointe de la langue au palais supérieur, l'adepte établit une connexion entre les canaux DUMAI et RENMAI qui permet au souffle de regagner le point DANTIAN.

A la différence du QIGONG, sorte de yoga respiratoire de plus en plus populaire en Chine comme en Occident, l'exercice du TAIJI QUAN n'exige pas la concentration sur le trajet du souffle mais sur « l'intention » (YI), autrement dit la signification martiale de chaque posture. Les classiques disent en effet que « là où parvient l'intention, le QI parvient également ». Ainsi, l'établissement de la Petite révolution céleste résulte d'une pratique correcte et assidue de l'enchaînement et de ses applications martiales.

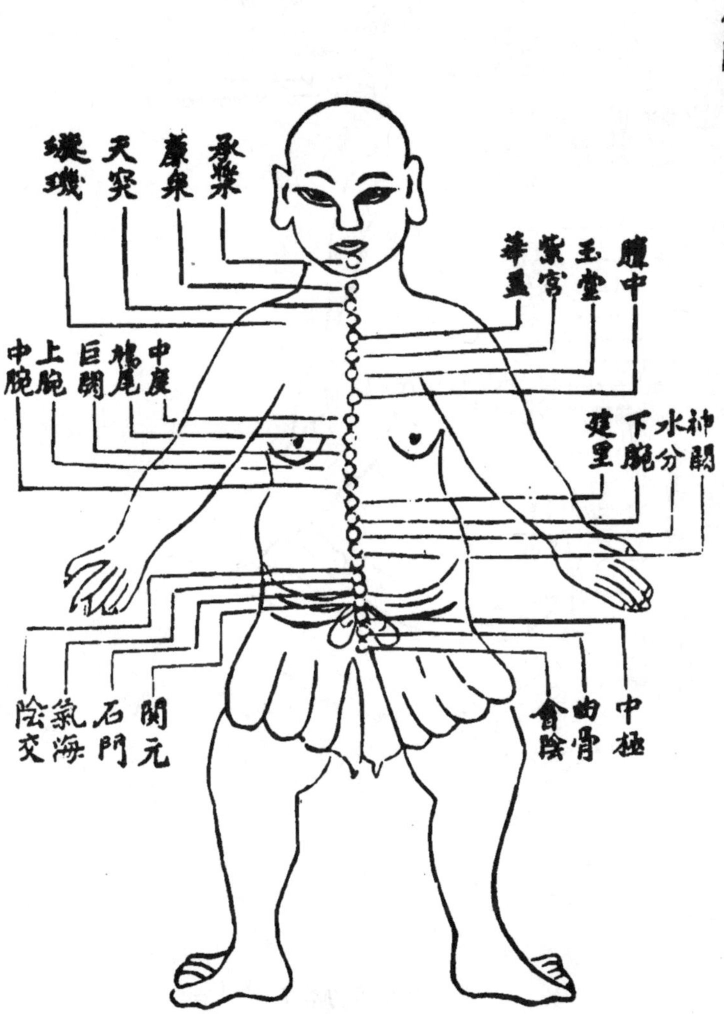

Le canal RENMAI

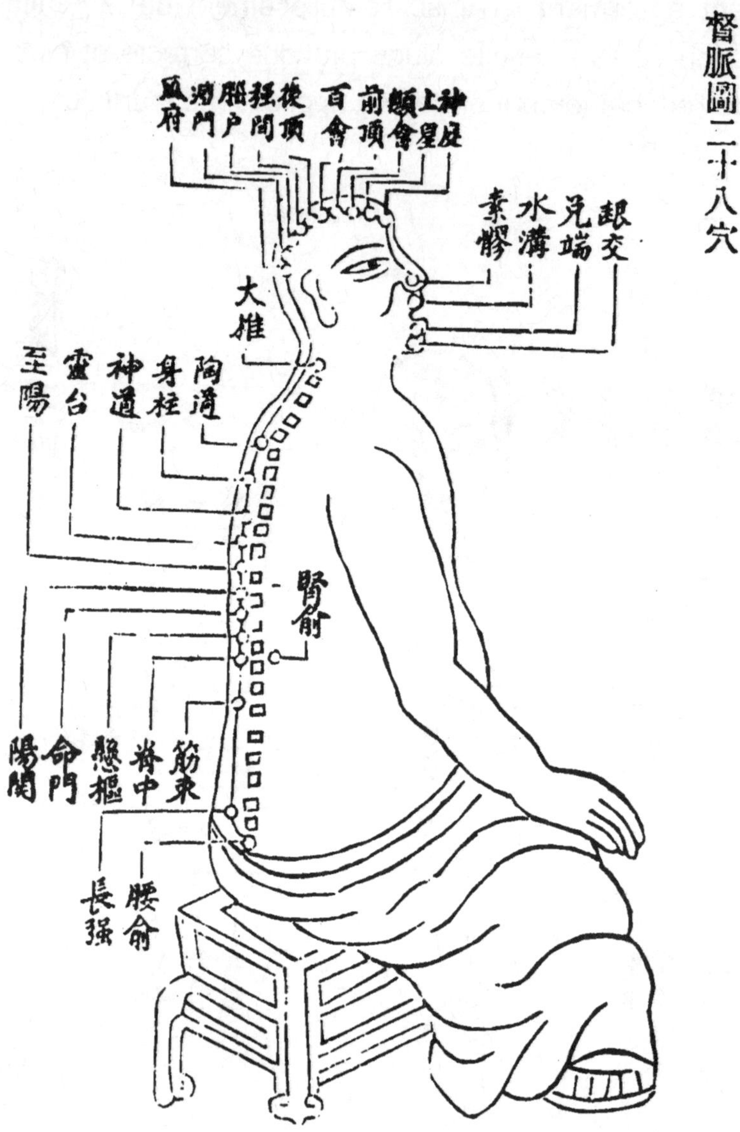

Le canal DUMAI

2. L'énergie interne

Le développement de l'énergie interne ou NEIJING caractérise la voie de l'interne qui s'oppose au courant des arts martiaux externes dont on trouve la critique suivante dans le Traité du TAIJI QUAN de WANG ZONGYUE:

« De nombreuses techniques de combat, bien que différentes dans la forme, sont fondées sur le même principe qui vise à vaincre la faiblesse et la lenteur par la force et la rapidité. La victoire du fort sur le faible et du rapide sur le lent ne sont que la manifestation des capacités naturelles du Ciel antérieur et non celles d'un savoir acquis par l'étude. Le dicton: "Quatre onces de force peuvent renverser un poids de mille livres" exprime le fait que l'on peut remporter la victoire sans utiliser la force. Lorsque l'on voit des vieillards résister à plusieurs assaillants, comment croire que c'est grâce à leur rapidité ? »

Les maîtres de TAIJI QUAN qualifient la force purement musculaire de « force grossière » (CUO LI) ou de « force morte » (SI LI), en quelque sorte le muscle sans l'intelligence. Pour accéder à une utilisation intelligente de son potentiel physique et énergétique permettant de « vaincre une grande force avec une force moindre », l'adepte doit s'exercer sans relâche à l'enchaînement et aux « poussées des mains » afin de forger une énergie durable.

La première étape de ce travail consiste à éliminer les tensions et les résistances qui entravent le corps pour accéder à l'état de relâchement musculaire ou SONG. Lorsque le corps est libéré de ce carcan, il est alors possible d'installer un étirement à l'intérieur du relâchement qui se transforme progressivement en souplesse ou ROU, la différence entre celle-ci et l'état précédent résidant dans la flexibilité des membres et du tronc à l'instar du roseau qui ploie sans se rompre. Ce n'est qu'en parvenant à l'extrême souplesse que l'on peut atteindre le stade de la dureté ou GANG qui se manifeste dans « l'émission de l'énergie » ou FA JING sur laquelle nous reviendrons plus loin. Au stade ultime, ces deux extrêmes, souplesse et dureté, sont réunis au sein d'une même énergie dite « interne » ou « élastique » (REN JING) réalisant ainsi l'harmonisation des aspects antagonistes du YIN et du YANG.

L'énergie interne connaît de nombreuses modalités cultivées différemment par chaque art martial de l'école interne: l'école YANG de TAIJI QUAN insiste plutôt sur « l'énergie de parer » (PENG JING) qui vise à dévier la force adverse, les écoles WU et QUAN YOU LAO JIA de TAIJI QUAN sur « l'énergie de transformation » (HUA JING) qui permet de neutraliser et renvoyer l'énergie de l'attaquant, le premier enchaînement de l'école CHEN sur « l'énergie enroulée en fil de soie » (CHANSI JING), le second enchaînement de l'école CHEN et le XINGYI QUAN (Boxe de la forme et de la pensée) sur « l'émission de l'énergie » (FA JING) et enfin le BAGUA ZHANG (Paume des Huit trigrammes) sur « l'énergie d'esquive » (ZOU JING).

3. Le développement de l'énergie interne

Pour développer l'énergie interne, le TAIJI QUAN de l'école CHEN présente des méthodes spécifiques d'entraînement qui sont en ce qui concerne l'enchaînement:

— la progression de la lenteur à la rapidité et l'alternance du lent et du rapide (l);

— la progression de la souplesse à la dureté et l'alternance du souple et du dur (2);

— le travail de « l'énergie enroulée en fil de soie » (CHAN SI JING) (3).

1) Le premier palier de la pratique de l'école CHEN est celui de la lenteur qui permet au pratiquant de contrôler à tout moment la correction de ses attitudes et le respect des principes de base. Au début de l'apprentissage, l'exécution de l'enchaînement requiert jusqu'à une vingtaine de minutes ce qui est long pour un exercice dont les postures sont basses et où l'esprit doit exercer un contrôle permanent sur le corps. Quand le principe de lenteur a été maîtrisé, alors on peut « conserver la tranquillité au sein du mouvement » de façon que « dès le premier geste, tout le corps se meuve avec légèreté ». A ce stade, le pratiquant peut aborder la pratique rapide de certains mouvements et accélérer l'exécution de l'enchaînement jusqu'à concentrer celle-ci en cinq minutes environ, l'ensemble des postures devant être relié par un souffle unique.

2) A la lenteur doivent correspondre le relâchement (SONG), puis la souplesse (ROU). Nous avons vu que cette dernière précède obligatoirement l'acquisition de la dureté et enfin l'union des extrêmes au sein de l'énergie interne qui est à la fois YIN et YANG. Ce n'est donc que lorsque la condition de souplesse a été réalisée que l'on peut aborder les techniques rapides « d'émission de l'énergie » ou FAJING ; également appelées « énergie vibratoire » (DOU JING), l'exécution de celles-ci dépend de la maîtrise des facteurs suivants:

— coordination de la respiration et du mouvement, la phase « d'émission de l'énergie » correspondant à une expiration brusque effectuée par la bouche et précédée d'une inspiration lente et nasale désignée comme phase « d'accumulation de l'énergie » (XUAN JING);

— coordination des mouvements tournants des différents segments du corps qui doit se mouvoir comme une unité: « l'énergie plonge ses racines dans les talons, est émise à partir des jambes, est dirigée par la taille et se manifeste dans les doigts des mains »;

— alternance ininterrompue de la souplesse (phase d'accumulation de l'énergie à l'inspiration) et de la dureté (phase d'émission de l'énergie à l'expiration). Cette dernière doit s'exprimer dans un temps extrêmement bref;

— concentration de l'énergie en un point (le talon, les premières phalanges du poing, les extrémités des doigts, l'épaule, etc.). Par ailleurs, le boxeur doit au moment de l'émission de l'énergie, manifester stabilité (WEN), précision (ZHUN) et esprit de décision (HEN). Notons ici que chez les experts, le moment de l'impact est accompagné d'une métamorphose de l'expression du visage désignée comme « changer la face, changer la couleur » (BIAN LIAN, BIAN SE).

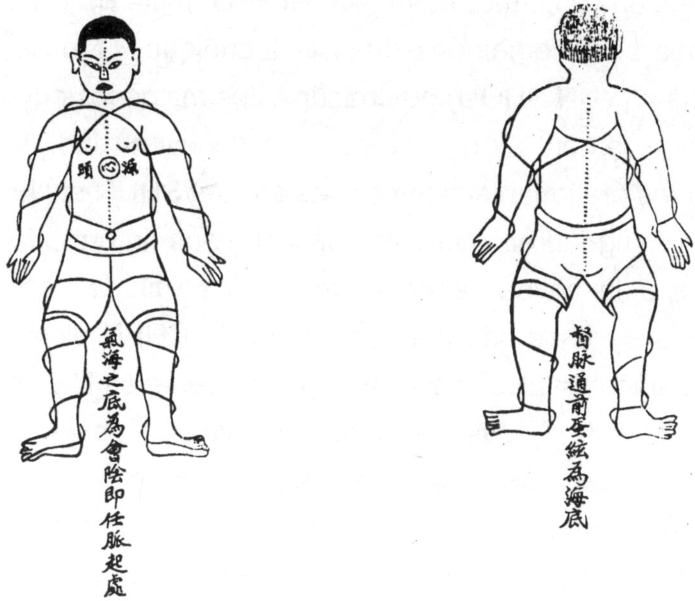

Représentations de l'énergie enroulée en fil de soie, tirées du CHEN SHI TAIJI QUAN TUSHUO de CHEN XIN.

3. L'énergie enroulée en fil de soie (CHANSI JING)

CHEN XIN (1849-1929) a écrit: « La pratique du TAIJI QUAN repose sur la compréhension de « l'énergie enroulée en fil de soie ». C'est par cette méthode que l'on parvient à mouvoir le QI. Si celle-ci n'est pas clairement perçue alors on ne peut pénétrer l'art de la boxe ».

L'énergie enroulée en fil de soie ou CHANSI JING apparaît extérieurement dans des mouvements circulaires et spiralés des membres. Au niveau des membres supérieurs, on distingue les formes SHUN (régulière) et NIE (inverse). La première est réalisée lorsque la paume de la main pivote de l'intérieur vers l'extérieur (fig. A). Ce mouvement adverse. La seconde forme s'opère quand la paume tourne de l'extérieur vers l'intérieur, mouvement qui correspond à la manœuvre « Tirer » (LU) (fig. B). Ces deux formes sont combinées dans la technique « Mouvoir les mains » (YUN SHOU) où chacune des mains les enchaîne alternativement alors que les bras décrivent des cercles. Pour les pratiquants avancés, les formes SHUN et NIE doivent s'engendrer mutuellement et sans interruption du début à la fin de l'enchaînement. A partir de ces deux formes de base, les maîtres de l'école CHEN distinguent dix autres modalités de « l'énergie enroulée en fil de soie » selon que le mouvement s'effectue vers la gauche ou la droite, le haut ou le bas, l'intérieur ou l'extérieur, en avançant ou en reculant, avec un petit ou un grand cercle.

Au niveau des membres inférieurs, la forme SHUN correspond à une rotation du genou vers l'extérieur et la forme NIE à une rotation du genou en sens inverse (figs C et D).

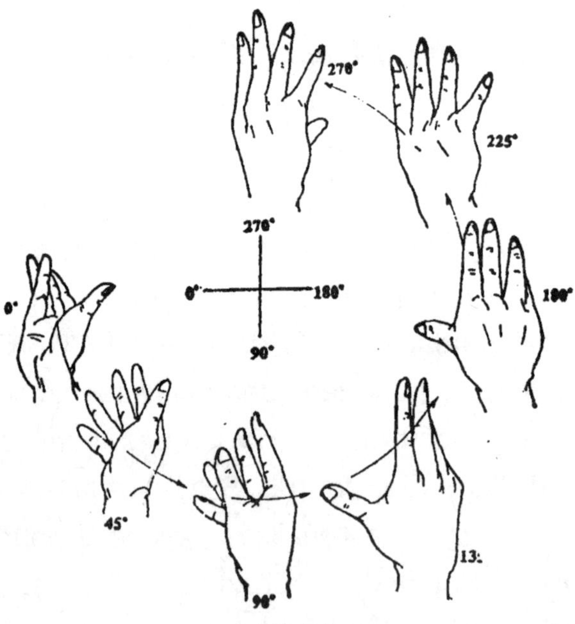

Fig. A

Mouvement régulier de la main

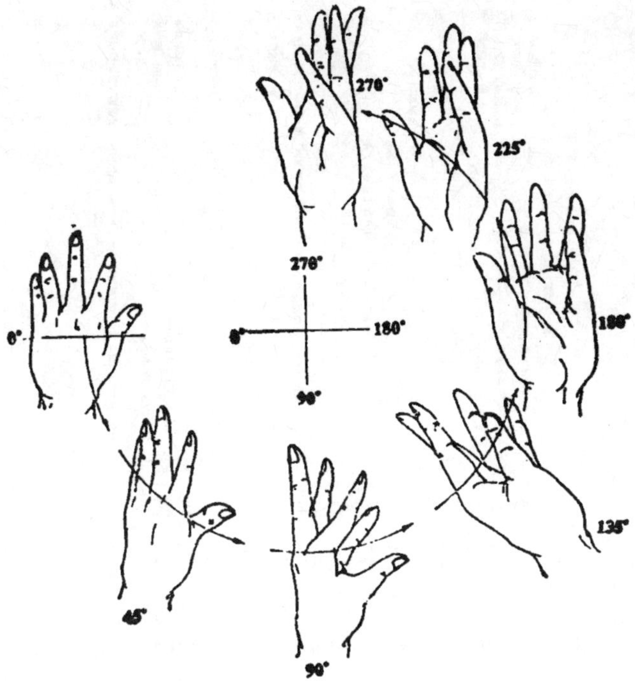

Fig. B
Mouvement inverse de la main

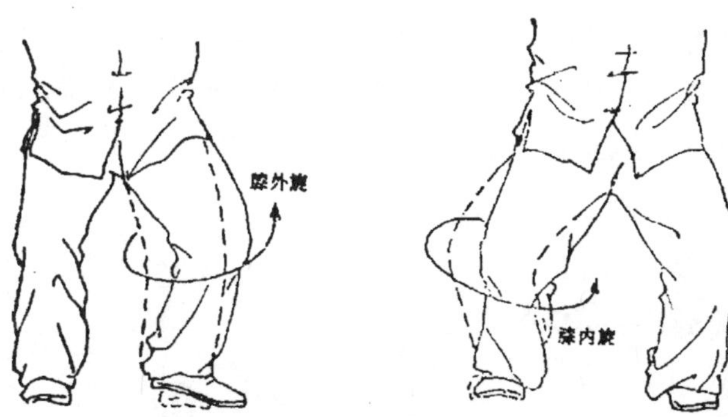

Fig. C et D
Mouvements régulier (C) et inverse (D) de la jambe

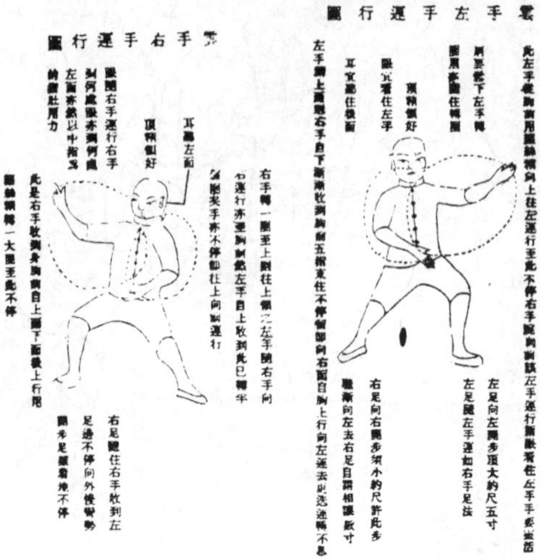

Mouvoir les mains (YUN SHOU)

Tiré du CHEN SHI TAIJI QUAN TUSHUO de CHEN XIN

En exécutant l'enchaînement, le pratiquant doit accorder sa respiration à la sensation de « l'énergie enroulée en fil de soie ». A l'expiration, le souffle quitte le DANTIAN pour gagner les extrémités des quatre membres, l'épaule et la hanche actionnant le coude et le genou qui eux-mêmes meuvent la main et le pied. A l'inspiration, le souffle regagne son origine, les membres se mouvant alors en sens inverse à partir de l'épaule et de la hanche qui dirigent les autres articulations.

4. La respiration

Les techniques respiratoires du TAIJI QUAN sont issues des antiques pratiques du souffle DAOYIN et TUNA dont les plus anciennes mentions figurent dans « L'illustration du DAOYIN » (DAOYIN TU), un manuscrit daté du IIe siècle de notre ère découvert sur le site de MAWANGDUI en Chine centrale, et dans les textes du taoïsme philosophique, le LAO ZI et le ZHUANG ZI.

Dans le TAIJI QUAN sont employées trois techniques de respiration qui sont « la méthode de régulation du souffle » (DIAO QI FA) qui concerne essentiellement la pratique prophylactique, « la méthode de réception du souffle » (YING QI FA) qui vise à accroître le pouvoir interne du boxeur, et enfin les respirations sonores souvent ignorées à l'heure actuelle.

1. La méthode de régulation du souffle

Cette méthode, encore désignée comme « respiration régulière » (SHUN HUXI) ou « respiration naturelle » (ZIRAN HUXI) consiste à préserver la tranquillité au sein du mouvement de façon à ce que l'esprit soit en paix et le souffle en harmonie avec le cœur. La respiration doit être nasale, naturelle, régulière, fine, lente et imperceptible, l'abdomen se dilatant à l'inspiration et se « vidant » à l'expiration. Les écoles YANG et WU de TAIJI QUAN ont adopté ce mode respiratoire qui constitue un premier palier dans la pratique de l'école CHEN où elle s'adresse au débutant s'adonnant au mouvement lent. On peut s'y exercer en position assise de méditation « PAN TUI », les jambes croisées, chaque pied reposant sur la cuisse opposée – un seul pied si la souplesse est insuffisante – dos et tête droits, menton rentré, corps relaxé (photo 14). Pendant l'assise, le pratiquant de sexe masculin se concentre sur le point DANTIAN et la pratiquante féminine sur le point TANGZHONG ou « Milieu de la poitrine », au plexus solaire. Il s'agit là de la pratique « conserver l'un » (SHOU YI) qui est à la base des techniques de méditation taoïste.

La position assise de méditation « PAN TUI ».

Photo 13 : La position assise de méditation « PAN TUI » (WANG BO en méditation sur un pont)

2. La méthode de réception du souffle

Également désignée sous le nom de « respiration inverse » (NIE HUXI), cette méthode se caractérise par le fait que l'abdomen se creuse à l'inspiration et se relâche vers le bas à l'expiration qui s'accompagne ainsi de « l'abaissement du QI au DAN TIAN ». Cette respiration est celle du mouvement martial qui est rapide et bref. Au « jaillissement de l'énergie » que favorise l'expiration par la bouche, répond une phase « d'accumulation de l'énergie » accompagnée d'une inspiration lente. Ainsi, à l'alternance de la lenteur et de la rapidité, du souple et du dur correspond une alternance d'inspirations profondes et d'expirations brèves, de concentration de l'énergie et d'émission de celle-ci.

3. Les respirations sonores

Lors de l'exécution de l'enchaînement des Treize postures, CHEN FAKE produisait des respirations sonores basées sur les phonèmes HE, XI, XU et CHUI. Ces quatre sons se retrouvent dans le « Chant des six souffles » (LIU QI GE JUE) qui figurent dans un recueil de la dynastie MING, le ZUN SHENG BA. Ce texte décrit une méthode d'entretien du souffle vital qui met en corrélation six sons avec des organes du corps. Ainsi, les quatre sons cités plus haut correspondraient respectivement au cœur, aux poumons, au foie et aux reins.

Dans la pratique de l'école CHEN, le son « HE » s'emploie à l'expiration pour des techniques rapides d'émission de l'énergie telles que les poussées descendantes des deux mains ou les coups de poing (Techniques: « Six scellages et quatre fermetures », « Couvrir la main et abattre la masse du poing », etc.). Le son « XI » s'utilise à l'inspiration dans les techniques s'accompagnant d'une montée ou d'une descente de l'énergie (« La grue blanche déploie ses ailes, etc.). Le son « XU » qui s'effectue sur l'expiration concerne les techniques où l'énergie se relâche vers le bas (« Premier recueillement », « Second recueillement », « Dérouler le bras en reculant », etc.). Le son « CHUI » enfin, intervient dans la réalisation du mouvement « Simple fouet » afin que l'intention de la main gauche soit reliée à celle de la main droite.

V. Les Treize postures

1. Introduction

Le nom de Treize postures (SHI SAN SHI) désigne la réunion des huit manœuvres:
parer, tirer, presser, appuyer, saisir, cisailler, utiliser le coude et utiliser l'épaule; et des cinq déplacements: avancer, reculer, esquiver à droite, esquiver à gauche et rester au centre. Dans les textes classiques du TAIJI QUAN, ces huit manœuvres et cinq déplacements sont mis en corrélation avec les Huit trigrammes et les Cinq éléments. Il semblerait qu'avant le XIXe siècle, la structure de l'enchaînement des Treize postures était différente de ce que nous en connaissons aujourd'hui, les annales de l'école CHEN citant cinq formes des Treize postures. Sa chorégraphie semble s'être définitivement fixée avec le maître CHEN CHANGXING (1771-1853) qui l'enseignait conjointement à l'enchaînement dit des « Poings Canons » (PAO CHUI), les deux formes pouvant être alors exécutées d'une traite. Aujourd'hui, celles-ci sont transmises séparément sous les noms de première et seconde forme de l'école CHEN. Les TAIJI QUAN des écoles QUAN YOU LAO JIA, YANG et WU trouvent tous leur origine dans cette première forme.

Traditionnellement, la pratique de l'enchaînement va de pair avec celle des exercices à deux ou TUISHOU. L'exercice en solo est, disent les classiques, « un exercice pour soi-même ». On peut faire un parallèle avec l'art de la calligraphie qui repose sur une longue étude des modèles laissés par les anciens. Ainsi, le disciple suit la règle en imitant scrupuleusement le maître souvent avare de conseils. Ici, l'approche ne peut être rationnelle à la façon des exercices gymniques occidentaux. A travers une pratique soutenue, l'adepte cherche l'illumination qui lui fera saisir l'Esprit (SHEN) de la boxe, de même que le calligraphe cherche à pénétrer l'essence profonde de son art qui, audelà des conventions réside dans la spontanéité et la liberté. Au niveau de l'expert, la forme peut être rejetée et la règle transgressée, ce qui explique les différences d'exécution entre les maîtres d'une même école. La version des Treize postures que nous présentons ci-après est celle transmise par le maître WANG BO qui étudia avec le maître CHEN FAKE à partir de 1954. A la différence d'autres versions, celle-ci comporte de nombreux mouvements « d'émission de l'énergie » (FA JING) signalés par le symbole Δ. Il est recommandé de pratiquer l'enchaînement trois fois de suite: la première fois pour échauffer muscles et tendons, la deuxième pour affiner la technique et la troisième pour le NEIGONG. Si la codification des mouvements doit être rigoureusement observée, les déplacements peuvent être adaptés à l'espace dont dispose le pratiquant, le déroulement des 82 postures pouvant quasiment être exécuté sur place. Signalons enfin que la tendance actuelle à multiplier les pratiques (TAIJI QUAN avec XING

YI QUAN, BAGUA ZHANG et QIGONG) ne peut conduire qu'à la superficialité, l'enseignement classique insistant sur le fait que « pour pratiquer la boxe, un seul enchaînement est nécessaire et pour développer le GONG FU (habileté), quelques mouvements suffisent ».

2. Noms des mouvements de l'enchaînement des Treize postures

Noms en chinois	Traduction française
1. YU BEI SHI	Posture préparatoire
2. JINGANG DAO DUI	Le vajra* pulvérise ▲
3. LAN ZA YI :	Soutenir le pan du vêtement
4. LIU FENG SI BI	Six scellages et quatre fermetures
5. DAN BIAN	Simple fouet
6. JIN GANG DAO DUI	Le vajra pulvérise ▲
7. BAI HE LIANG CHI	La grue blanche déploie ses ailes
8. XIE XING AO BU	Marche en biais
9. CHU SHOU	Premier recueillement
10. QIAN TANG AO BU	Avancer vers l'autel
11. XIE XING AO BU	Marche en biais
12. ZAI SHOU	Second recueillement ▲
13. QIAN TANG AO BU	Avancer vers l'autel
14. YAN SHOU GONG CHUI	Mouvoir les mains et abattre la masse du poing ▲
15. JIN GANG DAO DUI	Le vajra pulvérise ▲
16. PI SHEN CHUI	Coup de poing oblique
17. BEI ZHE KAO	Incliner le corps en appuyant ▲
18. QING LONG CHU SHUI	Le dragon vert émerge des flots ▲
19. SHUANG TUI SHOU	Poussée avec les deux mains
20. SAN HUAN ZHANG	Les trois changements de mains
21. ZHOU DI KAN CHUI	Le poing visible sous le coude
22. DAO JUAN GONG	Enrouler le bras vers l'arrière

* Divinité bouddhique.

23. TUI BU YA ZHOU	Reculer et presser le coude ▲
24. ZHONG PAN	Enroulement médian ▲
25. BAI HE LIANG CHI	La grue blanche déploie ses ailes
26. XIEXING AO BU	Marche en biais
27. SHAN TONG BEI	Esquiver dans le dos ▲
28. YAN SHOU GONG CHUI	Couvrir la main et abattre la masse du poing ▲
29. LIU FENG SI BI	Six scellages et quatre fermetures
30. DAN BIAN	Simple fouet
31. YUN SHOU	Mouvoir les mains ▲
32. GAO TAN MA	Saisir la bride du cheval
33. YOU CA JIAO	Effleurer le pied à droite ▲
34. ZUO CA JIAO	Effleurer le pied à gauche ▲
35. DENG YI GEN	Donner un coup de talon ▲
36. QIAN TANG AO BU	Avancer vers l'autel
37. JI DI CHUI	Le poing frappe la terre
38. FAN SHEN ER QI JIAO	Rotation du corps et double pieds volants ▲
39. SHOU TOU SHI	Posture de la tête d'animal sauvage
40. XUAN FENG JIAO	Coup de pied tourbillon ▲
41. DENG YI GEN	Donner un coup de talon ▲
42. YAN SHOU GONG CHUI	Couvrir la main et abattre la masse du poing ▲
43. QIAO QIN DA	Petite capture et frappe ▲
44. BAO TOU TUI SHAN	Enlacer la tête et pousser la montagne
45. SAN HUAN ZHANG	Les trois changements de mains
46. LIU FENG SI BI	Six scellages et quatre fermetures
47. DAN BIAN	Simple fouet

48. QIAN ZHAO-HOU ZHAO	Mouvement vers l'avant et mouvement vers l'arrière ▲
49. YE MA FEN ZONG	Le cheval sauvage balance sa crinière ▲
50. LIU FENG SI BI	Six scellages et quatre fermetures
51. DAN BIAN	Simple fouet
52. SHUANG ZHEN JIAO	Les deux pieds ébranlent la terre ▲
53. YU NU SUAN SUO	La fille de jade enfile la navette ▲
54. LAN ZA YI	Soutenir le pan du vêtement
55. LIU FENG SI BI	Six scellages et quatre fermetures
56. DAN BIAN	Simple fouet
57. YUN SHOU	Mouvoir les mains ▲
58. BAI JIAO DIE CHA	Balayer avec le pied et tomber avec les jambes en fourche ▲
59. ZUO YOU JIN JI DULI	Le faisan doré sur une patte à gauche et à droite ▲
60. DAO JUAN GONG	Dérouler le bras vers l'arrière
61. TUI BU YA ZHOU	Reculer et presser le coude ▲
62. ZHONG PAN	Enroulement médian ▲
63. BAI HE LIANG CHI	La grue blanche déploie ses ailes
64. XIE XING AO BU	Marche en biais
65. SHAN TONG BEI	Esquiver dans le dos ▲
66. YAN SHOU GONG CHUI	Couvrir la main et abattre la masse du poing ▲
67. LIU FENG SI BI	Six scellages et quatre fermetures
68. DAN BIAN	Simple fouet
69. YUN SHOU	Mouvoir les mains ▲
70. GAO TAN MA	Saisir la bride du cheval
71. SHI ZI BAI LIAN	Balayer le lotus en croisant ▲

72. ZHI DANG CHUI	Coup de poing au pubis ▲
73. BAI YUAN XIAN GUO	Le singe blanc offre le fruit ▲
74. LIU FENG SI BI	Six scellages et quatre fermetures
75. DAN BIAN	Simple fouet
76. QIE DI LONG	Le dragon rampe sur le sol
77. SHANG BU QI XING	Avancer vers les sept étoiles
78. TUI BU KUA HU	Reculer comme un tigre
79. ZHUAN SHEN SHUANG BAI LIAN	Pivoter et balayer le lotus avec les deux mains ▲
80. DANG TOU PAO	La tête comme un canon ▲
81. JIN GANG DAO DUI	Le vajra pulvérise ▲
82. SHOU SHI	Fin de l'enchaînement

3. Description des 82 mouvements des Treize postures

1. YU BEI SHI : Posture préparatoire

Les pieds sont écartés de la largeur des épaules, les orteils légérement pointés vers l'intérieur. Entrejambe et bras sont arrondis. L'intention (YI) est concentrée sur le point DANTIAN.

2. JINGANG DAO DUI : Le vajra* pulvérise

1. Les mains décrivent un cercle en sens inverse des aiguilles d'une montre autour du point DANTIAN.

2. Les mains décrivent un second cercle.

3. Fléchir les jambes et transférer le poids du corps sur le pied gauche en faisant pivoter la pointe du pied droit vers l'extérieur.

4. Lever le genou gauche, les deux mains effectuant une parade vers la droite.

5. Le pied gauche glisse sur le sol au niveau de la partie interne du talon.

6. Abaisser les deux mains en fléchissant le genou gauche.

7. Transfert du poids du corps sur le pied droit et élévation des deux mains, la pointe du pied gauche pivotant vers l'avant.

8. En pas de l'arc à gauche, fléchir le bras gauche et abaisser la main droite.

9. Lever dans le même temps le genou droit et le poing droit.

10. Frapper le sol du talon en abattant le poing droit dans la paume gauche ▲

3. LAN ZA YI : Soutenir le pan du vêtement

1. Transfert du centre de gravité sur le pied droit.

2. Elever la main droite et abaisser la main gauche dans le même temps.

3. Effectuer un demi pas à gauche en élevant la main gauche.

4. La main droite vient se placer en pique sous la main gauche. Lever le genou droit.

5. Arrondir les bras et faire glisser le pied droit vers la droite.

6. Fléchir le genou droit en pas de l'arc tout en poussant vers l'extérieur avec le bord cubital de la main droite.

4. LIU FENG SI BI : Six scellages et quatre fermetures

1. Décrire un cercle horizontal puis vertical avec la main droite.

2. Achever le second cercle en arrondissant les deux bras ▲

3. Pivoter vers la gauche en élevant les mains.

4. Transférer le poids du corps sur le pied droit pour adopter la position du pas vide et pousser vers la droite avec les deux mains.

5. DAN BIAN : Simple fouet

1. Décrire un cercle horizontal avec la main droite en réunissant les doigts en crochet.

2. Décrire un second cercle avec la main et lever le genou gauche.

3. Faire glisser le pied gauche sur le côté.

4. La main gauche décrit un cercle vers la gauche, le centre de gravité se décalant vers ce côté.

6. JIN GANG DAO DUI : Le vajra pulvérise

1. Abaisser les mains

2. Effectuer une double parade vers l'extérieur.

3. Lever le genou droit et le poing droit.

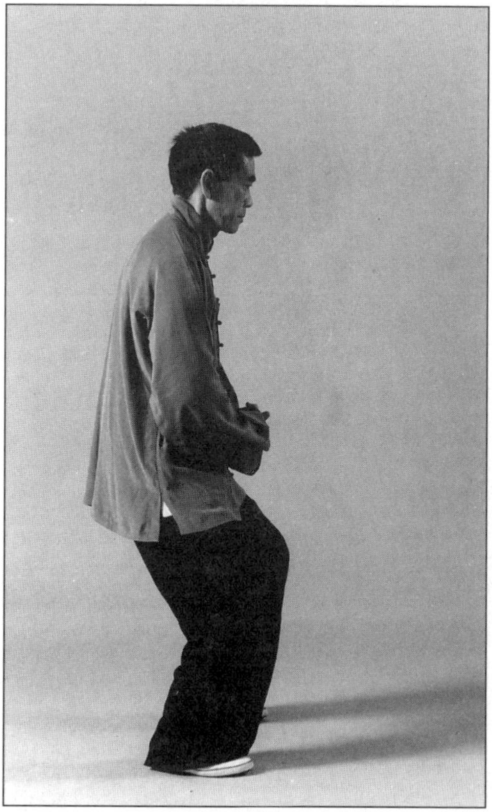

4. Frapper le sol avec le talon en abattant le poing droit dans la paume gauche. ▲

7. BAI HE LIANG CHI : La grue blanche déploie ses ailes

1. Ecarter les deux bras, la main droite s'élevant et la main gauche s'abaissant.

2. Placer la main gauche dans la saignée du coude droit tout en soulevant le genou droit.

3. Faire glisser le pied droit vers la droite.

4. En pas de l'arc à droite, presser vers l'avant avec l'avant-bras droit.

5. Avancer le pied gauche pour adapter la position du pas vide tout en effectuant deux parades simultanées des avant-bras vers le haut et vers le bas.

8. XIE XING AO BU : Marche en biais

1. Déplacer le pied gauche vers la gauche en plaçant les mains de chaque côté de la tête.

2. La main gauche s'abaisse et remonte en crochet, la main droite venant se placer contre le poignet gauche.

3. Ecarter la main droite.

9. CHU SHOU : Premier recueillement

1. S'abaisser en ramenant les mains vers l'intérieur.

2. Lever le genou gauche.

3. Pousser vers l'avant avec le bord cubital de la main gauche.

10. QIAN TANG AO BU : Avancer vers l'autel

1. Poser le talon gauche au sol et croiser les mains.

2. Déplacer le pied droit vers la droite.

3. Porter le poids du corps à droite et séparer latéralement les deux mains.

3 bis. Vue de face

11. XIE XING AO BU : Marche en biais

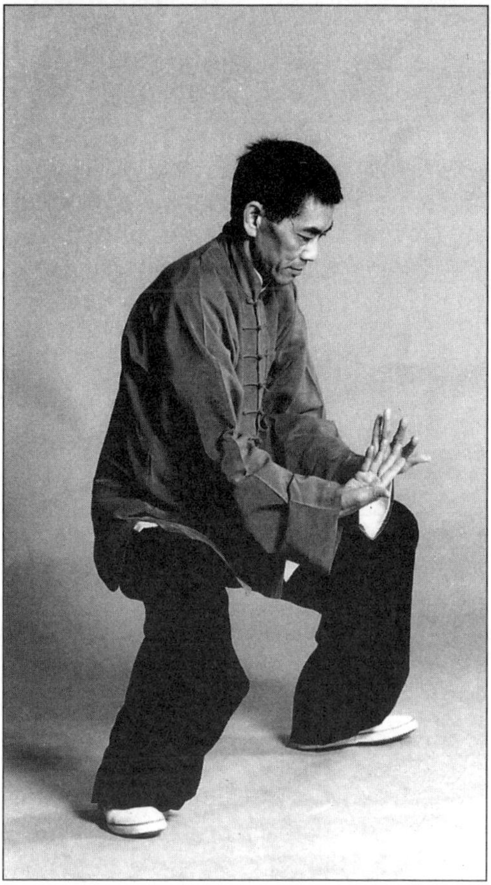

1. Abaisser les deux mains, paumes tournées vers le ciel.

2. Déplacer le pied gauche vers la gauche en plaçant les mains de chaque côté de la tête.

3. La main gauche s'abaisse et remonte en crochet, la main droite venant se placer contre le poignet gauche.

4. Ecarter la main droite.

12. ZAI SHOU : Second recueillement

1. S'abaisser en ramenant les mains vers l'intérieur.

2. Lever le genou gauche.

3. Frapper vers l'avant avec le bord cubital de la main gauche. ▲

13. QIAN TANG AO BU : Avancer vers l'autel

1. Poser le talon gauche au sol et croiser les mains.

2. Déplacer le pied droit vers la droite.

3. Porter le poids du corps à droite et séparer latéralement les deux mains.

3 bis. Vue de face

1. Les mains sélèvent simultanément vers l'avant et l'arrière.

2. Les mains s'abaissent devant le point DAN TIAN, le poing droit venant se placer sur la paume gauche.

3. Sursaut vers l'avant et frappe du poing droit. ▲

1. Transfert du poids du corps vers la droite et élévation du bras droit.

2. Passage du poids du corps sur le pied gauche en abaissant la main droite.

3. Le corps pivote vers la droite, la main droite décrivant un cercle vers la droite et vers le bas.

4. La main droite descend.

5. Lever dans le même temps le poing droit et le genou droit.

6. Frapper le sol du talon en abattant le poing droit dans la paume gauche. ▲

16. PI SHEN CHUI : Coup de poing oblique

1. Se déplacer vers la droite en position de cavalier tout en croisant les avant-bras.

2. Ecarter les poings en faisant pivoter les paumes vers l'extérieur. ▲

3. Pivoter vers la gauche en amenant le coude droit au-dessus du genou gauche.

4. Pivoter vers la droite en amenant le coude gauche au-dessus du genou droit.

5. Pivoter vers la gauche en amenant le coude droit au-dessus du genou gauche.

17. BEI ZHE KAO : Incliner le corps en appuyant

1. Le poing droit décrit un arc de cercle du bas vers le haut pour venir en face du front.

2. Le bassin pivote vers la droite, le poing gauche se plaçant sur la hanche ▲

18. QING LONG CHU SHUI : Le dragon vert émerge des flots

1. Abaisser le poing droit et amener la main gauche en face du coude droit.

2. Transférer le poids du corps à droite en frappant de l'extrémité des doigts vers le bas. ▲

3. Enchaîner immédiatement avec une frappe du poing au niveau bas. ▲

19. SHUAN TUI SHOU : Poussée avec les deux mains

1. Effectuer une volte-face vers la gauche.

2. Avancer le pied droit puis la gauche pour adopter le pas vide et pousser vers l'avant avec les deux paumes.

20. SAN HUAN ZHANG : Les trois changements de mains

1. Le bassin pivote légérement vers la droite. Dans le même temps pousser vers l'avant avec l'avant-bras gauche en ramenant la main droite vers soi.

2. Le bassin pivote vers la gauche pendant que l'avant-bras droit pousse vers l'avant en passant par dessus la main gauche.

3. Le bassin pivote légérement vers la droite. Dans le même temps pousser vers l'avant avec l'avant-bras gauche en ramenant la main droite vers soi.

21. ZHOU DI KAN CHUI : Le poing visible sous le coude

Les deux mains s'écartent vers l'extérieur, la main gauche en montant et la main droite en descendant. Puis la main gauche remonte à hauteur du visage, le poing droit venant se placer sous le coude gauche.

22. DAO JUAN GONG : Enrouler le bras vers l'arrière

1. Reculer le pied gauche en repoussant vers l'avant avec le bras droit.

2 - 3. Reculer le pied droit en repoussant vers l'avant avec le bras gauche.

4 - 5. Reculer le pied gauche en repoussant vers l'avant avec le bras droit.

23. TUI BU YA ZHOU : Reculer et presser le coude

1. Transférer le poids du corps à droite en ramenant le poing droit contre la poitrine, alors que la main gauche décrit un cercle vers l'avant.

2. Transférer le poids du corps à gauche en ramenant le poing gauche contre la poitrine.

3. Reculer le pied droit en tirant le poing droit vers soi et en repoussant simultanément vers l'avant avec la main gauche. ▲

24. ZHONG PAN : Enroulement médian

1. Tirer vers le bas.

2. Elever la main et le genou droit.

3. En position de l'arc donner un coup d'épaule vers la gauche. ▲

25. BAI HE LIANG CHI : La grue blanche déploie ses ailes

1. Placer la main gauche dans la saignée du coude droit tout en soulevant le genou droit.

2. Faire glisser le pied droit vers la droite.

3. En pas de l'arc à droite, presser vers l'avant avec l'avant-bras droit.

4. Avancer le pied gauche pour adapter la position du pas vide tout en effectuant deux parades simultanées des avant-bras vers le haut et vers le bas.

26. XIEXING AO BU : Marche en biais

1 - 2. La main gauche s'abaisse et remonte en crochet, la main droite venant se placer contre le poignet gauche.

3. Ecarter la main droite.

27. SHAN TONG BEI : Esquiver dans le dos

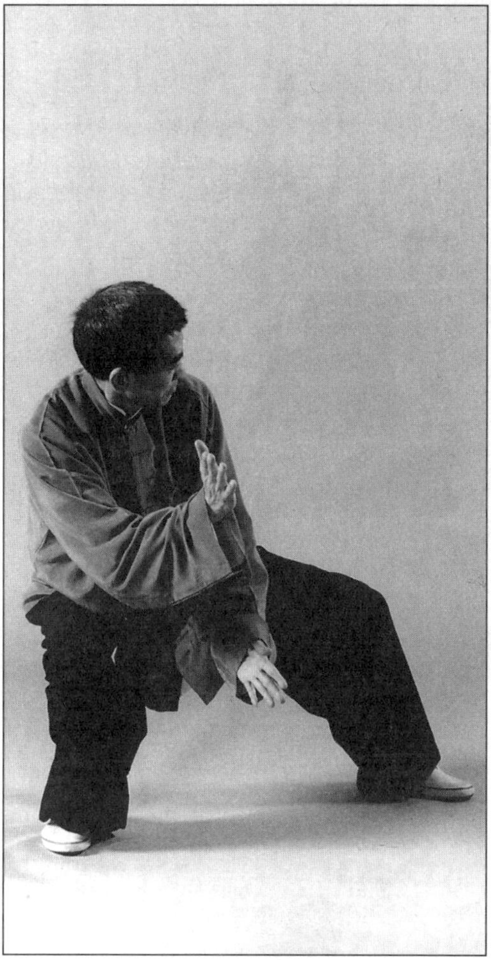

1 - 2. Abaisser le poids du corps sur la jambe arrière tout en croisant les avant-bras. Puis remonter en pivotant vers la gauche.

3. Avancer le pied gauche en pas du cavalier en frappant vers les côtés avec les coudes. ▲

3 bis. Vue de face. (en bas à gauche)

4. Avancer le pied gauche en ramenant la main droite à la hanche.

5. En pas de l'arc à gauche, frapper vers l'avant avec l'extrémité des doigts. ▲

6. Pivoter sur soi-même.

7. Reculer le pied droit et transférer le centre de gravité vers l'arrière tout en abaissant les bras. ▲

28. YAN SHOU GONG CHUI : Couvrir la main et abattre la masse du poing

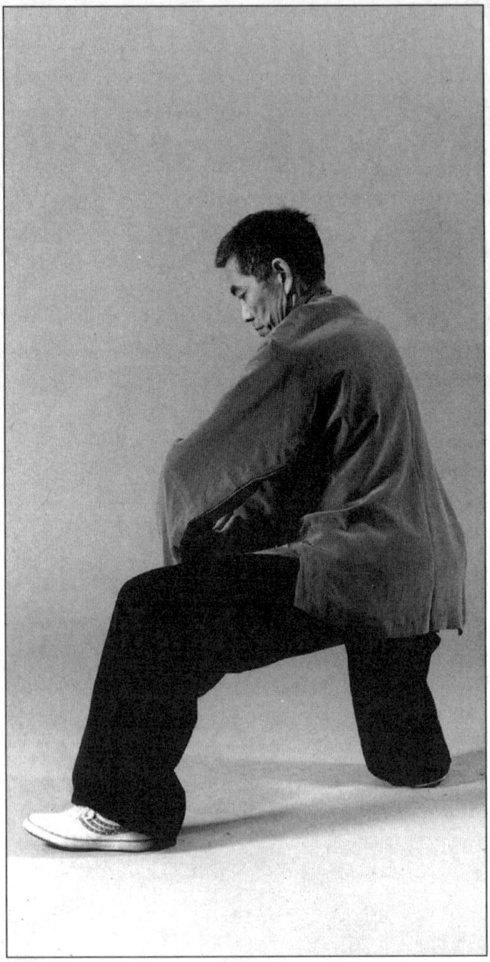

1. Les mains s'abaissent devant le point DAN TIAN, le poing droit venant se placer sur la paume gauche.

2. Sursaut vers l'avant et frappe du poing droit. ▲

29. LIU FENG SI BI : Six scellages et quatre fermetures

1. Elever les mains et le genou droit.

2. Transférer le poids du corps sur le pied droit pour adopter la position du pas vide et pousser vers la droite avec les deux mains.

30. DAN BIAN : Simple fouet

Voir 1-2-3-4 pages 94-95

31. YUN SHOU : Mouvoir les mains

1. Transférer le poids du corps à droite en abaissant la main gauche et en élevant la main droite.

2. Soulever la jambe gauche.

3. Abattre le pied gauche en déplaçant les mains vers la gauche. ▲

4. Croiser la jambe droite derrière la gauche tout en déplaçant les mains vers la droite. Répéter deux fois.

5. Transférer le poids à gauche.

6. Soulever la jambe droite.

7. Abattre le pied droit en déplaçant les mains vers la droite. ▲

8. Croiser la jambe gauche derrière la droite tout en déplaçant les mains vers la gauche.
Répéter deux fois.

32. GAO TAN MA : Saisir la bride du cheval

1. Reculer le pied droit en écartant les bras.

2. Reculer le pied gauche en pas de l'arc en ramenant la main gauche vers soi et en poussant vers l'avant avec le bord cubital de la main droite.

33. YOU CA JIAO : Effleurer le pied à droite

1. Croiser la jambe gauche devant la droite en pas assis.

2. Lever la jambe droite en frappant la paume avec le coup-de-pied. ▲

34. ZUO CA JIAO : Effleurer le pied à gauche

1. Pivoter vers la droite en adoptant le pas assis.

2. Lever la jambe gauche en frappant la paume gauche avec le coup-de-pied. ▲

35. DENG YI GEN : Donner un coup de talon

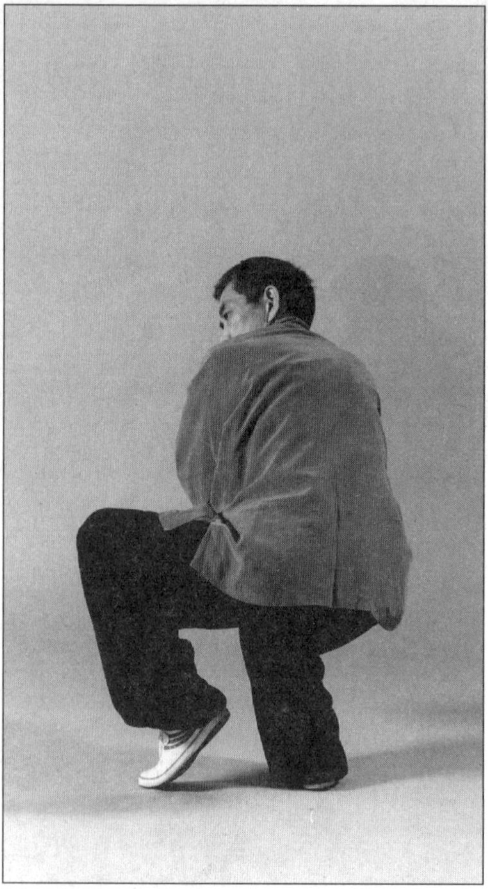

1. Pivoter à 180° vers la gauche en croisant les avant-bras.

2. Coup de talon gauche. ▲

3. Porter le poids du corps à droite et séparer latéralement les deux mains.

37. JI DI CHUI : Le poing frappe la terre

1. Avancer le pied gauche en pas de l'arc, le poing droit effectuant un arc de cercle de l'arrière vers l'avant et du bas vers le haut.

2. Abaisser le poing droit vers le sol.

2 bis. Vue de face.

1. Pivoter à 180° vers la droite.

2. Frapper vers le haut avec la pointe du pied droit. ▲

3. Après rebond du pied droit sur le sol, sauter en effectuant un mouvement de ciseaux avec les jambes, le coup-de-pied droit venant frapper la paume de la main. ▲

39. SHOU TOU SHI : Posture de la tête d'animal sauvage

Déplacer le pied gauche en pas de l'arc et positionner les poings comme pour tenir la hampe d'un étendard.

40. XUAN FENG JIAO : Coup de pied tourbillon

1. Déplacer le centre de gravité vers la droite, la main située de ce côté faisant le geste de ramasser vers le bas.

2. Soulever la main et le genou gauche.

3. Tourner sur soi-même en frappant la paume gauche avec la partie interne du pied gauche. ▲

41. DENG YI GEN : Donner un coup de talon

Coup de talon droit. ▲

42. YAN SHOU GONG CHUI : Couvrir la main et abattre la masse du poing

Coup de poing droit. ▲

43. QIAO QIN DA : Petite capture et frappe

1. Fléchir la jambe droite en déplaçant le bras gauche vers l'intérieur.

2. Fléchir la jambe gauche en déplaçant le bras droit vers l'intérieur.

3. Pousser vers l'arrière droite avec les deux paumes.

4. Fléchir la jambe gauche en abaissant les mains.

5. Effectuer un sursaut vers l'avant en ramenant les paumes dans leur position initiale.

6. En pas de l'arc à gauche, pousser avec la paume droite vers l'avant tout en effectuant une parade vers le haut avec l'avant-bras gauche.

7. Revenir à la position 5.

8. En pas de l'arc à gauche, frapper avec le poing vers l'avant. ▲

44. BAO TOU TUI SHAN : Enlacer la tête et pousser la montagne

1. Croiser les bras en pivotant vers l'arrière droite.

2. En pas vide, le poids du corps sur la jambe gauche, lever le poing gauche et ramener le droit à la hanche.

3. Avancer le pied droit en pas de l'arc et pousser avec les deux paumes vers l'avant.

45. SAN HUAN ZHANG : Les trois changements de mains

1. Le bassin pivote légérement vers la droite. Dans le même temps pousser vers l'avant avec l'avant-bras gauche en ramenant la main droite vers soi.

2. Le bassin pivote vers la gauche pendant que l'avant-bras droit pousse vers l'avant en passant par dessus la main gauche.

3. Le bassin pivote légérement vers la droite. Dans le même temps pousser vers l'avant avec l'avant-bras gauche en ramenant la main droite vers soi.

46. LIU FENG SI BI : Six scellages et quatre fermetures

1. Décrire un cercle horizontal puis vertical avec la main droite.

2. Achever le second cercle en arrondissant les deux bras ▲

3. Pivoter vers la gauche en élevant les mains.

4. Transférer le poids du corps sur le pied droit pour adopter la position du pas vide et pousser vers la droite avec les deux mains.

47. DAN BIAN : Simple fouet

Voir 1-2-3-4 pages 94-95.

48. QIAN ZHAO-HOU ZHAO : Mouvement vers l'avant et mouvement vers l'arrière

1. Effectuer une rotation interne à 45° du pied gauche en abaissant les mains vers la gauche.

2. Soulever le pied droit.

3. Abattre le pied en frappant simultanément vers le haut avec la paume gauche. ▲

4. Soulever le pied gauche.

5. Abattre le pied gauche en frappant simultanément vers le haut avec la paume droite. ▲

6. Soulever le pied droit.

7. Abattre le pied en frappant simultanément vers le haut avec la paume gauche. ▲

49. YE MA FEN ZONG : Le cheval sauvage balance sa crinière

1. Coup d'épaule à droite.

2. Avancer le pied gauche et coup d'épaule à gauche. ▲

50. LIU FENG SI BI : Six scellages et quatre fermetures

1. Pivoter vers la droite.

2. Pivoter vers la gauche.

3. Transférer le poids du corps sur la jambe droite, les deux mains décrivant un cercle vers l'arrière.

4. Les mains achèvent leur cercle en remontant. Dans le même temps soulever le genou droit.

5. Transférer le poids du corps sur le pied droit pour adopter la position du pas vide et pousser vers la droite avec les deux mains.

51. DAN BIAN : Simple fouet

Voir 1-2-3-4 pages 94-95.

52. SHUANG ZHEN JIAO : Les deux pieds ébranlent la terre

1. Effectuer une rotation interne à 45° du pied gauche en abaissant les mains vers la droite.

2. Placer les deux mains en supination.

3. Fléchir les jambes puis bondir.

4. Retomber en frappant le sol avec les talons. ▲

53. YU NU SUAN SUO : La fille de jade enfile la navette

1. Frapper simultanément vers l'avant avec le bord cubital de la main droite et le talon droit. ▲

2. Sauter en tournant sur soi-même vers la droite.

54. LAN ZA YI : Soutenir le pan du vêtement

1. Arrondir les bras et faire glisser le pied droit vers la droite.

6. Fléchir le genou droit en pas de l'arc tout en poussant vers l'extérieur avec le bord cubital de la main droite.

55. LIU FENG SI BI : Six scellages et quatre fermetures

1. Décrire un cercle horizontal puis vertical avec la main droite.

2. Achever le second cercle en arrondissant les deux bras ▲

3. Pivoter vers la gauche en élevant les mains.

4. Transférer le poids du corps sur le pied droit pour adopter la position du pas vide et pousser vers la droite avec les deux mains.

56. DAN BIAN : Simple fouet

Voir 1-2-3-4 pages 94-95.

57. YUN SHOU : Mouvoir les mains

1. Transférer le poids du corps à droite en abaissant la main gauche et en élevant la main droite.

2. Soulever la jambe gauche.

3. Abattre le pied gauche en déplaçant les mains vers la gauche. ▲

4. Faire un demi pas avec le pied droit en déplaçant les mains vers la droite.

5 Soulever la jambe gauche.

6. Abattre le pied gauche en déplaçant les mains vers la gauche. Répéter une troisième fois. ▲

58. BAI JIAO DIE CHA : Balayer avec le pied et tomber avec les jambes en fourche

1. Abaisser les mains en frappant le sol avec le talon droit.

2. Lever les mains puis frapper celles-ci avec le pied droit qui s'élève en décrivant un arc de cercle. ▲

3. Sauter et atterrir en position du pas tombant en fourche.

59. ZUO YOU JIN JI DULI : Le faisan doré sur une patte à gauche et à droite

1. Frapper simultanément vers le haut avec l'avant-bras et le genou droit. ▲

2. Déplacer le pied droit vers la droite.

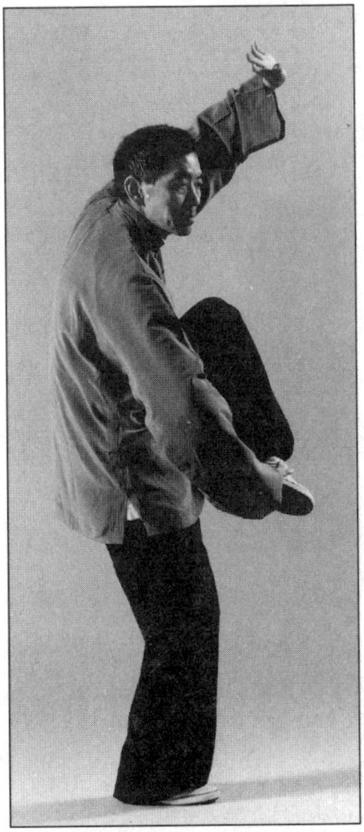

3. Inverser la position 1. ▲

60. DAO JUAN GONG : Dérouler le bras vers l'arrière

1. Reculer le pied gauche en repoussant vers l'avant avec le bras droit.

2 - 3. Reculer le pied droit en repoussant vers l'avant avec le bras gauche.

4 - 5. Reculer le pied gauche en repoussant vers l'avant avec le bras droit.

61. TUI BU YA ZHOU : Reculer et presser le coude

1. Transférer le poids du corps à droite en ramenant le poing droit contre la poitrine, alors que la main gauche décrit un cercle vers l'avant.

2. Transférer le poids du corps à gauche en ramenant le poing gauche contre la poitrine.

3. Reculer le pied droit en tirant le poing droit vers soi et en repoussant simultanément vers l'avant avec la main gauche. ▲

62. ZHONG PAN : Enroulement médian

1. Tirer vers le bas.

2. Elever la main et le genou droit.

3. En position de l'arc donner un coup d'épaule vers la gauche. ▲

63. BAI HE LIANG CHI : La grue blanche déploie ses ailes

1. Placer la main gauche dans la saignée du coude droit tout en soulevant le genou droit.

2. Faire glisser le pied droit vers la droite.

3. En pas de l'arc à droite, presser vers l'avant avec l'avant-bras droit.

4. Avancer le pied gauche pour adapter la position du pas vide tout en effectuant deux parades simultanées des avant-bras vers le haut et vers le bas.

64. XIE XING AO BU : Marche en biais

1. Déplacer le pied gauche vers la gauche en plaçant les mains de chaque côté de la tête.

2. La main gauche s'abaisse et remonte en crochet, la main droite venant se placer contre le poignet gauche.

3. Ecarter la main droite.

65. SHAN TONG BEI : Esquiver dans le dos

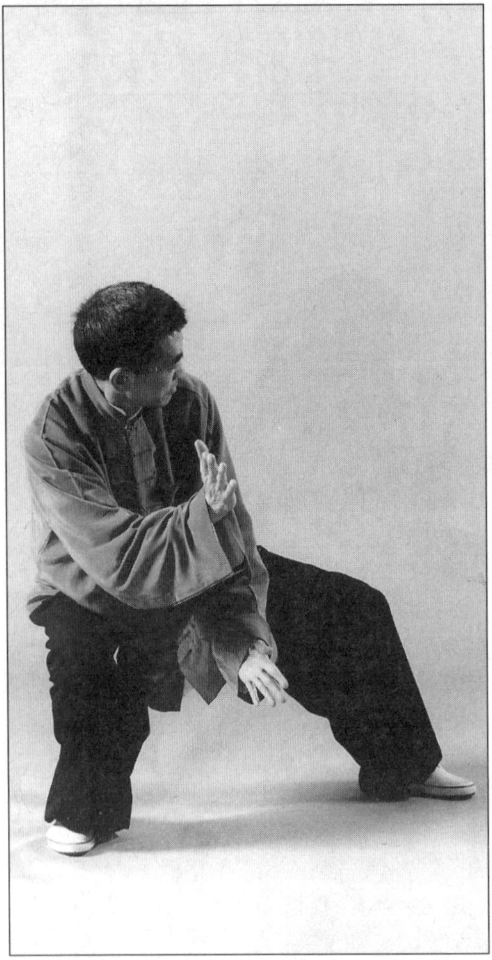

1 - 2. Abaisser le poids du corps sur la jambe arrière tout en croisant les avant-bras. Puis remonter en pivotant vers la gauche.

3. Avancer le pied gauche en pas du cavalier en frappant vers les côtés avec les coudes. ▲

3 bis. Vue de face. (en bas à gauche)

4. Avancer le pied gauche en ramenant la main droite à la hanche.

5. En pas de l'arc à gauche, frapper vers l'avant avec l'extrémité des doigts. ▲

6. Pivoter sur soi-même.

7. Reculer le pied droit et transférer le centre de gravité vers l'arrière tout en abaissant les bras. ▲

66. YAN SHOU GONG CHUI : Couvrir la main et abattre la masse du poing

1. Les mains s'abaissent devant le point DAN TIAN, le poing droit venant se placer sur la paume gauche.

2. Sursaut vers l'avant et frappe du poing droit. ▲

67. LIU FENG SI BI : Six scellages et quatre fermetures

1. Elever les mains et le genou droit.

2. Transférer le poids du corps sur le pied droit pour adopter la position du pas vide et pousser vers la droite avec les deux mains.

68. DAN BIAN : Simple fouet

Voir 1-2-3-4 pages 94-95

69. YUN SHOU : Mouvoir les mains

1. Transférer le poids du corps à droite en abaissant la main gauche et en élevant la main droite.

2. Soulever la jambe gauche.

3. Abattre le pied gauche en déplaçant les mains vers la gauche. ▲

4. Croiser la jambe droite derrière la gauche tout en déplaçant les mains vers la droite. Répéter deux fois.

5. Transférer le poids à gauche.

6. Soulever la jambe droite.

7. *Abattre le pied droit en déplaçant les mains vers la droite.* ▲

8. *Croiser la jambe gauche derrière la droite tout en déplaçant les mains vers la gauche.*
Répéter deux fois.

70. GAO TAN MA : Saisir la bride du cheval

1. Reculer le pied droit en écartant les bras.

2. Reculer le pied gauche en pas de l'arc en ramenant la main gauche vers soi et en poussant vers l'avant avec le bord cubital de la main droite.

71. SHI ZI BAI LIAN : Balayer le lotus en croisant

1. Pivoter vers la droite en croisant les avant-bras.

2. Faire glisser le pied gauche sur le sol.

3. Transférer le poids du corps sur la jambe gauche et frapper la paume gauche avec le pied droit de l'intérieur vers l'extérieur. ▲

4. Fléchir la jambe droite en maintenant le genou levé. Frapper vers le bas avec le dos du poing droit. ▲

72. ZHI DANG CHUI : Coup de poing au pubis

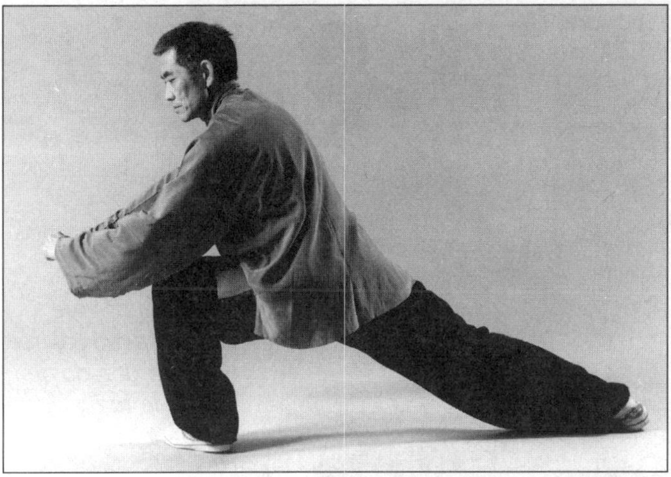

1. En pas de l'arc à gauche, frapper avec les deux poings vers le bas. ▲

2 et 2 bis. Fléchir la jambe droite et frapper avec le poing droit vers le côté.

3 et 3 bis. Frapper vers le bas avec l'extrémité des doigts de la main gauche.

73. BAI YUAN XIAN GUO : Le singe blanc offre le fruit

Elever le genou droit en frappant vers l'intérieur avec les deux avant-bras. ▲

4. Transférer le poids du corps sur le pied droit pour adopter la position du pas vide et pousser vers la droite avec les deux mains.

75. DAN BIAN : Simple fouet

Voir 1-2-3-4 pages 94-95.

76. QIE DI LONG : Le dragon rampe sur le sol

1 et 2. Abaisser la main gauche puis la droite.

3 et 4. Transférer le poids du corps sur la jambe gauche en déplaçant les bras vers l'arrière.

5. Lever la main droite en crochet.

6. Pas tombant en fourche.

7. Toucher le sol avec le menton.

77. SHANG BU QI XING : Avancer vers les sept étoiles

1. Transfert du poids du corps sur le pied avant et pour adopter le pas de l'arc.

2. Avancer le pied droit en croisant les poings.

78. TUI BU KUA HU : Reculer comme un tigre

1 et 2. Reculer le pied droit pour placer en pas vide le poids du corps sur la jambe droite, les deux bras effectuant des parades haute et basse.

79. ZHUAN SHEN SHUANG BAI LIAN : Pivoter et balayer le lotus avec les deux mains

1. Frapper le sol du talon droit puis pivoter sur soi-même vers la droite en frappant de la jambe gauche vers l'intérieur. ▲

2. Lever les mains, puis frapper les paumes de l'intérieur vers l'extérieur avec le pied droit. ▲

80. DANG TOU PAO : La tête comme un canon

1. Double coup de poing vers le haut et le bas.

2. Passage du poids du corps sur la jambe arrière.

3. Flexion du genou gauche et frappe des deux poings vers le bas. ▲

81. JIN GANG DAO DUI : Le vajra pulvérise

1. Le bras droit décrit un cercle d'arrière en avant et du haut vers le bas.

2. Lever dans le même temps le genou droit et le poing droit.

3. Frapper le sol du talon en abattant le poing droit dans la paume gauche. ▲

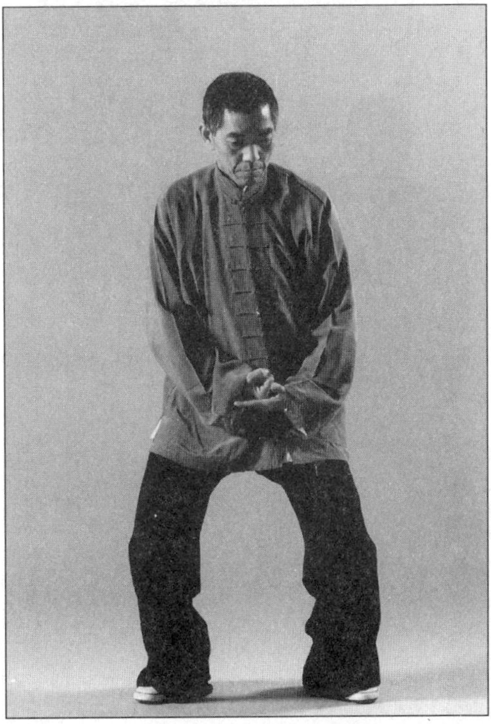

1 et 2. Retour à la position initiale.

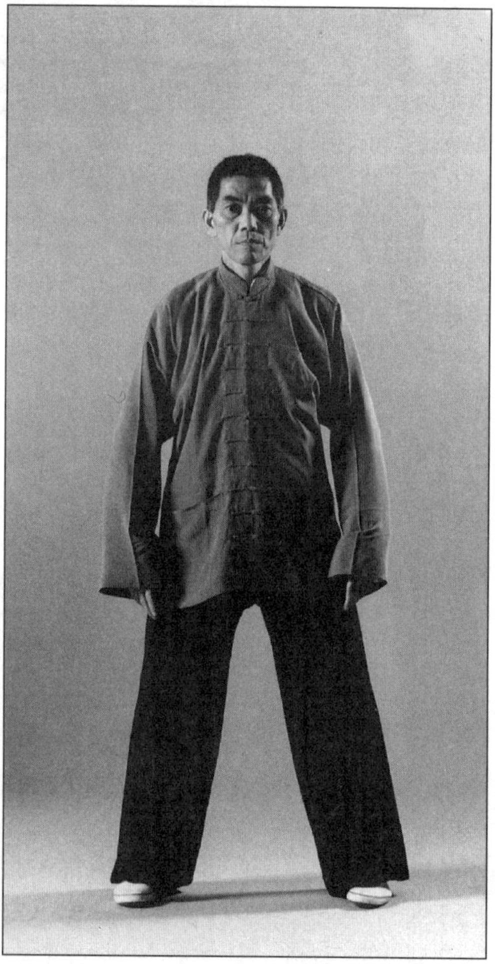

VI. La pratique martiale

太極拳的用法

1. Les quatre principes

L'art martial du TAIJI QUAN n'envisage pas le combat comme une opposition entre deux forces antagonistes mais comme une adaptation constante au mouvement de l'adversaire. Cette attitude est décrite de la manière suivante dans le Traité du TAIJI QUAN de WANG ZONGYUE : « Si l'on est attaqué à gauche il faut "vider" sa gauche. Si l'on est attaqué à droite il faut esquiver à droite. Si l'adversaire se dresse, il faut monter plus haut que lui et s'il se baisse, il faut descendre encore plus bas. Lorsqu'il avance, la distance qui nous sépare doit s'accroître, lorsqu'il recule, celle-ci doit diminuer. Le corps doit être tel que l'on ne puisse y ajouter le poids d'une plume et qu'une mouche ne trouve où se poser. L'adversaire ne me connaît pas, moi seul je le connais. C'est grâce à cela que le héros ne rencontre pas de rival. »

Il ne s'agit donc pas ici de renforcer le corps en développant sa résistance aux coups adverses et les capacités offensives des armes naturelles comme dans les arts martiaux externes, mais de le doter d'une intelligence des réactions de l'adversaire dite « énergie de compréhension » (DONG JING). A travers l'application de principes tactiques inspirés de la philosophie du TAIJI et des écrits du stratège SUNZI – « celui qui se connaît, connaît les autres et sort victorieux de cent batailles » (SUNZI, Ve siècle av. J.-C.) – s'exprime avant tout la qualité spirituelle du combattant comme le souligne un autre passage du traité:

« Pour celui qui pénètre la théorie du YIN-YANG, l'action d'adhérer (NIAN) correspond à l'esquive et vice versa. Le YIN ne quitte pas le YANG et le YANG ne s'éloigne pas du YIN de façon que ces deux principes s'engendrent mutuellement jusqu'à parvenir à "l'énergie de compréhension" (DONG JING). Avec une pratique prolongée, on parvient à l'essence et le mouvement peut alors répondre aux désirs du cœur. L'idée centrale est de s'oublier soi-même et de suivre l'autre. »

Ce passage énonce les quatre principes de base de la pratique martiale qui sont CHAN (coller), NIAN (adhérer), SUI (suivre) et LIAN (lier). Les deux premiers consistent à maintenir un contact constant avec l'adversaire. Loin d'être purement passif, ce contact doit déséquilibrer ce dernier en attirant son énergie vers le haut. « Suivre » signifie que l'on répond à chaque mouvement de l'opposant et « lier » réside dans l'attitude spirituelle de l'oubli de soi. Une fois pénétré le sens de ses principes, l'adepte réalise les conditions « BU DIU, BU DING », c'est-à-dire maintenir le contact avec l'adversaire sans toutefois lui opposer de résistance.

2. Les poussées des mains

Pour développer sa capacité à adhérer, coller et suivre l'adversaire, l'adepte du TAIJI QUAN s'exerce aux exercices des « poussées des mains » ou TUI SHOU. Alors que l'enchaînement est un exercice pour se connaître soi-même, les « poussées des mains » ont pour but de connaître l'autre. D'un point de vue extérieur, ces dernières s'effectuent face à un partenaire, les mains ou les avant-bras restant toujours en contact. Le principe consiste à céder sur la poussée du partenaire jusqu'à ce que celle-ci parvienne à sa limite extrême, les protagonistes inversant alors les rôles sans rompre la continuité du mouvement. Ainsi, le YANG (poussée) alterne au YIN (esquive) et vice versa. Au niveau du débutant, on trouve les variantes suivantes:

— poussée horizontale à une main (photos 14-15);

Photo 14

Photo 15

— poussée horizontale à deux mains (photos 16-17);

Photo 16

Photo 17

— ouvrir-fermer (photos 18-21);

Photo 18

Photo 19 *Sur la poussée adverse, écarter les mains (ouvrir)*

Photo 20

Photo 21
Appuyer en descendant vers la poitrine du partenaire (fermer)

— mouvoir les mains (photos 22-23);

Photos 22 & 23 : Le bras correspondant à la jambe avant recule sur la poussée ; celle-ci s'effectuant dans un deuxième temps avec le bras opposé.

— poussée dans les quatre directions (photos 24-27).

Photo 24 *Parer (gauche) Appuyer (droite)*

Photo 25 *Tirer (gauche) Presser (droite)*

Photo 26 Appuyer (gauche) Parer (droite)

Photo 27 Presser (gauche) Tirer (droite)

Dans un premier temps, il s'agit d'affiner la perception de l'autre ainsi que la capacité à coller au mouvement adverse et à le suivre sans opposer la moindre résistance. A travers ces poussées, l'énergie interne se manifeste selon deux modalités qui sont « l'énergie d'adhérer » ou NIAN JING et « l'énergie d'écoute » ou TING JING.

L'exercice fondamental est constitué par la poussée dans les quatre directions (SI ZHENG TUI SHOU) qui se base sur un enchaînement circulaire des manœuvres: parer, tirer, presser et appuyer que nous abordons plus loin. La complexité de cet enchaînement est accrue par les changements de directions que peuvent opérer les deux partenaires. Notons ici qu'un aspect essentiel de la pratique du TUI SHOU est l'importance du partenaire, le contact avec un niveau d'énergie supérieur étant indispensable à la progression. Un enseignement confidentiel de la plupart des experts qui transmettent l'essence de ce travail dans le seul cadre de la relation maître-disciple, ainsi que l'absence d'une méthode basée sur le développement de l'énergie, explique le faible niveau des pratiquants actuels de TAIJI QUAN dans ce domaine. Certains d'entre eux compensent une connaissance insuffisante des TUI SHOU en « faisant de la force » (DING JING) cherchant à manifester la dureté avant même d'avoir réalisé le sens profond de la souplesse. Pour s'en convaincre, il suffit d'assister à ces tentatives de « compétitions de TUI SHOU » qui dégénèrent le plus souvent en empoignades où les transfuges des sports de lutte (judo, SHUAI JIAO, etc.) s'imposent sans peine...

3. Les Huit portes de l'énergie

Anciennement, la pratique des TUI SHOU était appelée « affrontement des mains » (DA SHOU), ce qui exprime clairement son contenu martial originel. Lorsque les énergies NIAN JING et TING JING ont été développées, l'adepte étudie les manœuvres qui constituent la base des nombreuses techniques de saisie et luxation (QINNA) et de renversement (DIEFA) qui caractérisent l'école CHEN de TAIJI QUAN.

De même que le YIJING, le célèbre « Livre des mutations », se base sur huit figures à partir desquelles vont s'opérer les mutations exprimées par les soixante-quatre hexagrammes; les applications des TUI SHOU reposent sur huit manœuvres fondamentales connues sous le nom de « Huit portes de l'énergie »:

— Parer (PENG): il s'agit de la forme SHUN de « l'énergie enroulée en fil de soie » qui permet de dévier la force adverse vers le haut ou les côtés (Photo 28).

Photo 28

—Tirer (LU): inverse du précédent, ce mouvement correspond à la forme NIE de « l'énergie enroulée en fil de soie » par laquelle on tire l'adversaire vers le bas (Photo.29).

Photo 29

— Presser (JI): à partir de la manœuvre parer, l'autre main vient en renfort pour repousser l'adversaire (Photo. 30).

Photo 30

— Appuyer (AN): cette manœuvre s'effectue en poussant l'adversaire avec les deux mains lorsque celui-ci présente un déséquilibre ou que l'on contrôle son centre de gravité (Photo 31).

Photo 31

— Saisir (CAI): c'est la manœuvre de base des techniques de saisie et de luxation (QINNA). Elle consiste à agripper les bras de l'attaquant en divisant son énergie (Photos 32,33,34).

Photo 32

Photo 33

Photo 34

— Cisailler (LIE): le cisaillement repose sur l'utilisation de deux énergies contraires permettant de déséquilibrer l'adversaire par un barrage simultané opéré par le bras et la jambe (photo 35) ou les deux bras (Photo 36).

Photo 35

Photo 36

— Utiliser le coude (ZHOU): on retrouve dans ce principe toutes les utilisations du coude pour pousser, presser (Photo 37) ou frapper (Photo 38) qui apparaissent dans les postures « Esquiver dans le dos » (SHAN TONG BEI), « Courber le coude » (WAN ZHOU) et « Le coude qui traverse le cœur » (CHUAN XIN ZHOU).

Photo 37

Photo 38

— Utiliser l'épaule (KAO): l'épaule peut être employée pour pousser ou percuter vers l'avant (Photo 39), sur le côté (Photo 40) ou vers l'arrière.

Photo 39

Photo 40

A l'étude des Huit portes de l'énergie, correspond le développement de « l'énergie de transformation » ou HUA JING qui permet de neutraliser une poussée ou une saisie adverse effectuée sur n'importe quelle partie du corps et « d'attirer l'adversaire dans le vide » (YIN JIN LUO KONG). Dans la pratique duelle, « l'émission de l'énergie » ou FA JING découle de la forme d'énergie précédente et dépend moins de la puissance développée que de la maîtrise du centre d'équilibre de l'autre. En effet, l'adepte du TAIJI QUAN doit constamment rechercher une efficacité maximale pour une utilisation minimale de son énergie de telle façon qu'il soit possible de « renverser un poids de mille livres avec quatre onces de force ».

Une étape supérieure de la pratique des TUI SHOU réside dans une exécution libre des techniques s'apparentant à un combat et pouvant s'accompagner de déplacements dans toutes les directions.

4. Le SAN SHOU

Le combat comporte deux aspects complémentaires qui sont les affrontements rapprochés et à longue distance auxquels correspondent dans les sports de combat modernes la lutte d'une part et la boxe poings-pieds d'autre part. Le TAIJI QUAN est indéniablement un système de combat rapproché faisant la part belle aux techniques de saisie, luxation et renversement. Toutefois, en cas d'affrontement contre plusieurs assaillants, l'adepte du TAIJI QUAN recourt à la « Séparation des mains » ou SAN SHOU qui introduit la notion de distance avec l'adversaire.

Pour le SAN SHOU, les méthodes d'entraînement comprennent les pratiques en solo et duelle. L'entraînement solo consiste en des exercices « d'émission de l'énergie » (FA JING) visant à concentrer toute l'énergie du corps en un point (par exemple la paume de la main ou la région scapulaire). Un dicton déclare qu'il ne faut pas craindre mille mouvements mais l'habileté de l'adversaire. La démarche traditionnelle, à l'instar du sportif retravaillant sans cesse son « spécial », consiste à exercer un éventail limité de techniques de telle façon qu'« après mille répétitions, on parvient à l'aisance, et après dix mille répétitions, on en réalise l'esprit ».

Dans l'entraînement duel, on commence par des exercices de « contact » (PAIDA) qui permettent d'appliquer les mouvements de l'enchaînement et de se familiariser avec l'emploi des sept armes naturelles du corps qui sont la tête, l'épaule, le coude, la main, la hanche, le genou et le pied. Ce n'est encore là qu'une approche limitée du combat dont l'exercice fondamental est la pratique libre où sont privilégiés les principes et non pas des schémas codifiés. A ce stade, il ne s'agit plus de suivre une règle, mais de s'adapter aux changements continuels de l'adversaire: « Le corps s'adapte souplement comme s'il était dépourvu d'ossature, chacune de ses parties pouvant être utilisée comme une arme. L'attaque doit être présente dans la défense et vice versa. La tête doit se mouvoir comme une vague, les poings tomber comme la pluie; la taille doit avoir la flexibilité du saule, les jambes se déployer comme des fouets et les pieds se déplacer comme dans l'ivresse. »

Applications du mouvement "Le Vajra pulvérise"
Cf. photos n°4 page 85 et n°5 page 86.

Applications du mouvement "Le Vajra pulvérise" (suite)
Cf. photo n°9 page 88

Coup de poing remontant

Coup de coude

Coup de genou

Applications du "Coup de poing oblique"

Mouvements 3-4-5
page 119

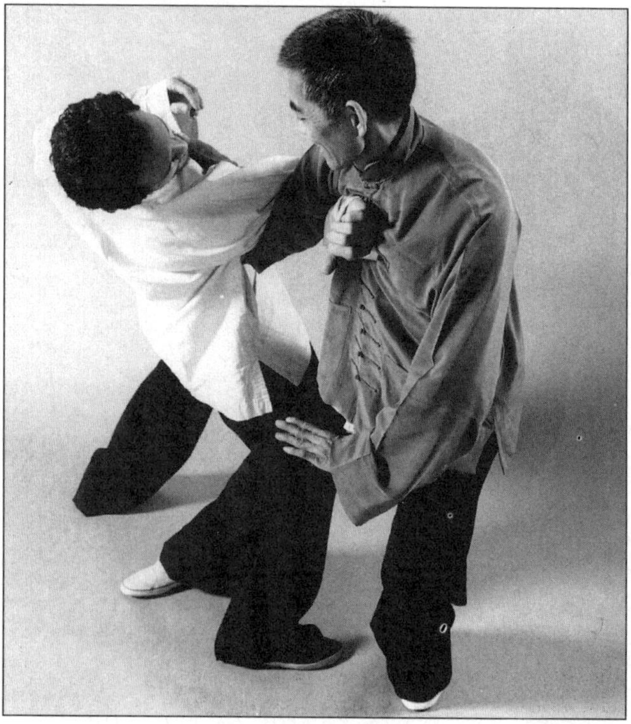

Applications de "Esquiver dans le dos"

Mouvements 2 page 135 et 3 page 136

Pour tous renseignements sur l'enseignement du maître WANG BO en France :

• **INSTITUT FRANCO-CHINOIS WENWU**
144, rue de Tolbiac 75013 Paris

• **ASSOCIATION SIMING FRANCE**
Paris : 45 80 05 23 (Jose Carmona)
Toulouse : Tsubaki Dojo
6 bis, rue Champêtre 31300
Tél 61 42 12 02

• **ASSOCIATION SIMING ESPAGNE**
Barcelone : (3) 453 67 88 (Carlos A. Moreia)
Tortosa : (977) 71 80 25 (Alberto T. Codern)

Remerciements

à Monsieur SZE AM MING pour les Calligraphies qui ornent cet ouvrage.

à Madmoiselle K. SUGITA pour avoir bien voulu poser pour les photos illustrant les "poussées des mains",

à Madmoiselle C. GLISE et Monsieur P. LEPAGE pour leur relecture attentive du texte.

Photographies
de Jean Benoit Paoli

Table des matières

Achevé d'imprimer en mai 1995
sur les presses de la Nouvelle Imprimerie Laballery
58500 Clamecy

Dépôt légal : mai 1995
Numéro d'impression : 505007

Imprimé en France